essentials

essentials plus online course

essentials liefern aktuelles Wissen in konzentrierter Form. Die Essenz dessen, worauf es als „State-of-the-Art" in der gegenwärtigen Fachdiskussion oder in der Praxis ankommt. In Ergänzung zum Buchprojekt gibt es einen hochwertigen Online-Kurs auf iversity.

essentials informieren schnell, unkompliziert und verständlich

- als Einführung in ein aktuelles Thema aus Ihrem Fachgebiet
- als Einstieg in ein für Sie noch unbekanntes Themenfeld
- als Einblick, um zum Thema mitreden zu können

Die Bücher in elektronischer und gedruckter Form bringen das Fachwissen von Springerautor*innen kompakt zur Darstellung. Sie sind besonders für die Nutzung als eBook auf Tablet-PCs, eBook-Readern und Smartphones geeignet. *essentials* sind Wissensbausteine aus den Wirtschafts-, Sozial- und Geisteswissenschaften, aus Technik und Naturwissenschaften sowie aus Medizin, Psychologie und Gesundheitsberufen. Von renommierten Autor*innen aller Springer-Verlagsmarken.

Wolfgang Babel

Internet of Things und Industrie 4.0

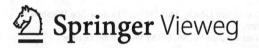

Springer Vieweg

Wolfgang Babel
Babel Management Consulting
Weil der Stadt, Baden-Württemberg, Deutschland

ISSN 2197-6708 ISSN 2197-6716 (electronic)
essentials
ISSN 2731-8028 ISSN 2731-8036 (electronic)
essentials plus online course
ISBN 978-3-658-39900-9 ISBN 978-3-658-39901-6 (eBook)
https://doi.org/10.1007/978-3-658-39901-6

Die Deutsche Nationalbibliothek verzeichnet diese Publikation in der Deutschen Nationalbibliografie; detaillierte bibliografische Daten sind im Internet über http://dnb.d-nb.de abrufbar.

Planung/Lektorat: Reinhard Dapper
Springer Vieweg ist ein Imprint der eingetragenen Gesellschaft Springer Fachmedien Wiesbaden GmbH und ist ein Teil von Springer Nature.
Die Anschrift der Gesellschaft ist: Abraham-Lincoln-Str. 46, 65189 Wiesbaden, Germany

Was Sie in diesem *essential* finden können

- Sie finden die engen Zusammenhänge von IoT und Industrie 4.0. Insbesondere wie sie geschichtlich in ihrer gegenseitigen Abhängigkeit gesehen werden.
- Sie erfahren die Entwicklung von IoT im Zusammenhang mit RFID und die Weiterentwicklungen bis Industrie 4.0.
- Insbesondere lernen Sie die Einflussfaktoren der Automatisierungspyramide und des OSI Modells auf IoT, das im Jahre 1999 von Kevin Ashton publiziert wurde.
- Ebenso finden sie die wichtigsten Internet-Bussysteme, die in der Philosophie von IoT eine wichtige Rolle spielten, insbesondere die Vernetzungstopologien mit OPC UA und dem Cloud Computing.
- Sie finden zwei ausgewählte Beispiele aus der Autolackierung und der Solarzellenfertigung, deren Automatisierungen und Systemintegrationen unter den heute modernen Aspekten von IoT arbeiten.

Vorwort

Ob beim Einkauf, im Auto, in der Bahn, im Flugzeug oder im Restaurant, ob in der Industrie oder im Haushalt, Smartphones und Tablets sind allgegenwärtig und liefern die Möglichkeiten schnell und übersichtlich an Wissen zu gelangen oder Aktionen auszuführen. Alles ist vernetzt und jeder ist mit jedem verbunden. Hauptbestandteil dieser neuen Kommunikation ist das Internet. Eine Welt ohne Internet ist heute nicht mehr denkbar.

Die Ursprünge dieser Kommunikation gehen zurück über das Internet of Things (IoT) von Kevin Ashton bis hin zu intelligenten Sensoren hinsichtlich RFID (Radio Frequency Identification) in den 70ern Jahren, ja sogar bis zur Vernetzung von speicherprogrammierbaren Speicherungen (SPS) in den 60er Jahren.

Die komplette Vernetzung von Maschinen, Robotern, intelligenten Sensoren und ‚Jeder kommuniziert mit Jedem' war seit der Einführung der unterschiedlichen industriellen Revolutionen seit jeher der Traum des Menschen, den er insbesondere seit Einführung des μ-Controller evolutionär verfolgte. Besonders die 4. Industrielle Revolution realisiert nahezu ideal die Ideen von IoT:

Denn wer Industrie 4.0 sagt meint auch IoT (Internet of Things). Beide Begriffe sind heute eng miteinander verbunden.

Dieses essential hilft Ihnen die geschichtliche Entwicklung und das Ineinandergreifen von IoT und Industrie 4.0 im Zusammenhang mit intelligenten Sensoren und Maschinen auf einfache Weise zu verstehen. Insbesondere zeigt es aktuelle Beispiele aus der Solarzellen- und Automobilfertigung, wie Fertigungen entsprechend den Ideen von IoT vernetzt sind und kommunizieren und per Internet global miteinander ‚reden können'. Sie gewinnen Einblicke in die Feldbusse und Bussysteme als wesentliche Kommunikationsstrukturen von IoT, angefangen von Ethernet bis hin zu OPC UA.

Wolfgang Babel

ONLINE-KURS ZUM BUCH

Als Nutzer*in dieses Buches haben Sie kostenlos Zugriff auf einen Online-Kurs, der das Buch optimal ergänzt und für Sie wertvolle digitale Materialien bereithält. Zugang zu diesem Online-Kurs auf einer Springer Nature-eigenen eLearning-Plattform erhalten Sie über einen Link im Buch. Dieser Kurs-Link befindet sich innerhalb der ersten Kapitel. Sollte der Link fehlen oder nicht funktionieren, senden Sie uns bitte eine E-Mail mit dem Betreff „Book+Course" und dem Buchtitel an customerservice@springernature.com.

Online-Kurse bieten Ihnen viele Vorteile!

- Sie lernen online jederzeit und überall
- Mit interaktiven Materialien wie Quizzen oder Aufgaben überprüfen Sie kontinuierlich Ihren Lernfortschritt
- Die Videoeinheiten sind einprägsam und kurzgehalten
- Tipps & Tricks helfen Ihnen bei der praktischen Umsetzung der Lerninhalte
- Ihr Zertifikat erhalten Sie optional nach erfolgreichem Abschluss

Inhaltsverzeichnis

Über den Autor

Wolfgang Babel hat als zweifach promovierter Elektroingenieur über 38 Jahre Berufserfahrung in den Konzernen DIEHL, Endress+Hauser, Belden Inc., KROHNE, Fischer Gruppe sowie der Babel Management Consulting sammeln können.

Schwerpunkte seiner Karriere sind Industrie 4.0, Automatisierung, Kommunikationsstrukturen, Feldbussysteme, Künstliche Intelligenz (KI), Einsatz von Künstlichen Neuronalen Netzwerken (KNN), Mustererkennungsverfahren, Bildverarbeitung, Sensortechnologien in nahezu allen Wellenlängenbereichen für hochauflösende Sensorsysteme sowie Sensoren im niederen Kostenbereich (Low Cost Sensoren), Echtzeitsysteme vom 94 GHz MMW System, über Spektrometrie bis hin zum Terahertz-System. Weiterhin beschäftigte er sich in vielen Anwendungen und Entwicklungen hardware- und softwaremäßig mit Ultra Low- Power Signalverarbeitung und deren Resistenz gegenüber EMV und Umwelteinflüssen.

Von 1983 bis 1993 war er bei DIEHL als Entwicklungsingenieur und in leitenden Funktionen verantwortlich für Algorithmen-, Hardware- und Software-Entwicklung sowie Multisensorik-Anwendungen. Dazu gehörten vor allem hochtechnologische Echtzeitsysteme für Radar-, Radiometrie und Infrarotsysteme sowie hochauflösende Bilderkennung und Spektrometrie.

1993 folgte die technische Geschäftsführung bei der Bildverarbeitungsfirma Autronic. Echtzeitalgorithmen für die Mustererkennung bei Inline-Anwendungen in der Lederindustrie, der Transportbranche sowie Medizintechnik gehörten zu seinen Aufgaben.

Von 1993 bis 2007 hat er bei Endress+Hauser zur Weiterentwicklung der Analysenmesstechnik innerhalb des Konzerns als Entwicklungsleiter und Geschäftsführer sowie als Miterfinder und Umsetzer der Memosens-Technologie wesentlich beigetragen. Schwerpunkt war es die Analysenmessgeräte mit standardisierten Schnittstellen in die Welt der Automatisierung zu integrieren.

Zudem brachte er bei Endress+Hauser als Geschäftsführer von Process Solution und Mitglied des Vorstandes das Systemgeschäft und den Lösungsverkauf voran. Dazu gehörte u.a. der Technologietransfer eines Leit- und Assetmanagement-Systems von smar (Brasilien) als Basis für das heutige Automatisierungsgeschäft des Konzerns.

Als Mitglied des Vorstands gestaltete er aktiv in den Anfängen die Gremien PACTware und FDT/DTM™ und somit die Standardisierung der heutigen Automatisierung entscheidend mit.

Von 2007 bis 2009 hat er als Board-Mitglied von Belden Inc. (USA) und Hauptgeschäftsführer in der Firma Hirschmann entscheidend für die Weiterentwicklung der Kupfer- und Lichtwellenleitertechnologie, sowie der Switchtechnologie und PoE beigetragen. Auch das Vertriebsnetz EMEA unter Einbezug der damals neuen Funktechnologie (WLAN/Wi-Fi) wurde von Wolfgang Babel mit aufgebaut.

2009 gründete er die Babel Management Consulting und berät seitdem Firmen in Sensortechnologie, insbesondere unter dem Aspekt der Automatisierung.

Von 2011 bis 2015 hat er bei KROHNE die Analysenmesstechnik inklusive des globalen Vertriebes aufgebaut sowie die Vermarktung und Integration der Analysen-Produkte in das Portfolio der KROHNE Gruppe arrangiert. Ein besonderer Aspekt war dabei die Integration der Messstellen unter den Standards der Automatisierung.

Als Erfinder des SMARTPAT gelang es zum ersten Mal einen pH-Sensor für die Analysen-Messtechnik zu entwickeln, der mit einem 4...20 mA HART 7 Feldbus direkt an fast jede marktübliche SPS unter Ex- wie Nicht-Ex Bedingungen angebunden werden konnte. Dieser Sensor erfüllte auch die Schnittstellen aller handelsüblichen Gateways und Prozessanschlüsse.

Von 2015 bis 2019 war er als CEO der mehr als 20 Firmen umfassenden Fischer Gruppe in der Schichtdickenmessung und Materialanalyse tätig. Zu seinen Aufgaben gehörten die Einführung des Themas Inline- und Online- Automatisierung hinsichtlich Entwicklung und weltweitem Vertrieb, die Etablierung des Lösungsgeschäftes unter Einbezug von prädiktiver Wartung sowie die Entwicklung Automatisierung eines Terahertz-Systems für den Automotive-Bereich. Unter seiner Leitung wurde die Integration der elektromagnetischen Schichtdickenmessung inklusive Funkverfahren zur Anbindung an Handys (Android und IOS), PC's mittels WLAN und Bluetooth in einen Sensor mit ca. 120 mm x 150 mm miniaturisiert und in den Markt eingeführt. Neben diesen Aufgaben strukturierte er den Konzern neu und führte die globale Matrixorganisation ein.

Während seiner Laufbahn war er weltweit in unterschiedlichsten Industrien tätig. Zahlreiche Automatisierungsprojekte wurden von ihm begleitet und verantwortet. Dazu gehörten u. a. Automotive, Solar-, Halbleiter und Elektronikindustrie, Galvanik, Umwelt, alternative und konventionelle Energien, Schiffsbau, Flugzeugbau, Bergbau, Pulp & Paper, Chemie, Oil & Gas, Pharmazie sowie Gebäudeautomation.

Wolfgang Babel lebt in Weil der Stadt und berät mit der Babel Management Consulting mit dem Fokus auf

- Automatisierungs- und Lösungsgeschäft:
- Digitalisierung, Industrie 4.0, China 2025, Internet of Things (IoT)
- Organisationsaufbau für Kernprozesse (Marketing, Vertrieb & Service, F&E Produktion & Logistik)
- Globale Vertriebs- und Marketingstrukturen
- Interim Management für 1. und 2. Führungsebene
- Innovations- und Produktstrategie sowie Produkt-Roadmaps
- Mustererkennung: Expertensysteme, Neuronale Netzwerke,
- Predictive Maintenance
- Erschließung neuer Märkte, Wettbewerbsanalyse
- Logistik & Produktion – Smart Manufacturing

Motivation, warum dieses Essential

1

IoT, Industrie 4.0 sind Schlagworte unserer Zeit und werden oftmals genannt, ohne zu wissen was sich hinter den Begriffen verbirgt. In diesem *essential* wird versucht die Begriffe klar zu definieren und ihre Abhängigkeiten im Umfeld der sich seit mehr als 50 Jahren entwickelnden industriellen Technologien zu erläutern. Insbesondere geht es dabei um die Definition von IoT in Verbindung mit intelligenten Sensoren und Maschinen, die miteinander kommunizieren.

Wer Industrie 4.0 sagt meint IoT (Internet of Things). Und wer IoT sagt mein Internet. Internet heißt aber auch Ethernet TCP/IP. Alle Begriffe sind eng miteinander verbunden.

Wie hat und wie wirkt sich IoT heute auf die Automatisierungstechnik aus und welche Netzwerktopologien haben sich in diesem Zusammenhang zeitmäßig entwickelt, angefangen vom Ethernet über die Feldbusse bis hin zu OPC UA und dem globalen Cloud Computing, sind die zentralen Themen dieses *essential*.

Es wird herausgearbeitet, dass IoT eigentlich nichts ‚Weltbewegendes' Neues ist, sondern die Fortschreibung einer Ingenieurwissenschaft im Rahmen von Informatik, Elektrotechnik und Mechatronik und den damit zusammenhängenden modernen Netzwerktopologien und Kommunikationsstrukturen sowie der Entwicklung von intelligenter Sensorik, welche seit mehr als 80 Jahren aktuell ist.

Ein besonderer Aspekt kommt hierzu den standardisierten Netzwerktopologien, wie sie sich auf Basis von IoT entwickelt haben. Grundlage hierfür ist die Automatisierungspyramide aus dem Jahre 1985, die wiederum als Grundlage das OSI Modell (Open System Interconnection Modell) von 1983 hat. Interessant ist in diesem Zusammenhang die Abhängigkeit zwischen RFID als Basis von IoT und den heutigen intelligenten Sensoren, die wir näher diskutieren werden.

© Der/die Autor(en), exklusiv lizenziert an Springer Fachmedien Wiesbaden GmbH, ein Teil von Springer Nature 2023
W. Babel, *Internet of Things und Industrie 4.0*, essentials plus online course,
https://doi.org/10.1007/978-3-658-39901-6_1

Es werden konkret zwei Beispiele aus der Solarzellenproduktion und dem Automotive besprochen. In beiden Beispielen wird die globale Kommunikation mit OPC UA (Open Platform Communication Unified Architecture) näher erläutert. OPC UA ist momentan das modernste Kommunikationsprotokoll für horizontale und vertikale Kommunikation innerhalb der Automatisierungspyramide.

Wie strukturiert sich IoT technologisch gesehen innerhalb der Automatisierungspyramide vom Top-level (ERP-System) bis hinunter in die Ebene der intelligenten Sensoren (Feldlevel).

Welche Kommunikations- und Netzwerkstrukturen bis hin zu Industrie 4.0 befinden sich unter dem Schlagwort IoT oder Allesnetz.

In diesem Zusammenhang werden die horizontalen und vertikalen Kommunikationsstrukturen gemäß der Automatisierungspyramide in Verbindung mit IoT aufgezeigt und wie Sie heute in modernen Industrieanwendungen in der Prozess- und Fabrik-Automatisierung Eingang gefunden haben.

Wie sieht eine durchgängige standardisierte vertikale und horizontale Kommunikationsstruktur zwischen den einzelnen Ebenen der Automatisierungspyramide von der Fabrik-/Feldebene über die SPS-Ebene, SCADA/HMI -Ebene (Supervisory Control and Data Acquisition/Human Machine Interface), dem MES (Manufacturing Execution System) bis hin zum ERP-System (Enterprise Resource Planning-System) aus? Was sind die typischen Kommunikationsstrukturen jeweils innerhalb der einzelnen Ebenen der Automatisierungspyramide? Wie funktioniert das globale Cloud Computing internationaler Unternehmen im Zusammenhang mit OPC UA? Was bedeutet Predictive Maintenance im internationalen Geschäft? All das führt dieses essential näher aus.

Zusammenfassend möchte ich den richtigen technischen Ansatz vermitteln wie IoT heute in Verbindung mit all den anderen Technologien eingesetzt wird und was die wesentlichen Merkmale von IoT sind.

Als Leser*in dieses Buches können Sie kostenfrei auf den zugehörigen Online-Kurs zugreifen. Nutzen Sie dazu diesen Link (https://sn.pub/RHljvv).

Der Kurs informiert, wie IoT und Industrie 4.0 in der Welt der Automatisierung zu betrachten sind, welche Hauptmerkmale IoT kennzeichnen und welche Rolle das Internet bei IoT spielt.

Die Geschichte von IoT (Internet of Things)

IoT (Internet of Things) [1, 2] oder heute auch IIoT (Industrielles IoT oder Allesnetz) war lange vor Industrie 4.0 das Thema für Vernetzungs- und Kommunikation- Strukturen. Selbst wenn einige Themen bezüglich des Datenschutzes und der Datenerfassung (auch bei autonomen Fahrzeugen) bei IoT kritisch zu sehen sind, beinhaltet Industrie 4.0 und 'Made in China 2025 die damalige IoT-Strategie.

Das Internet of Things (IoT) oder das ‚Allesnetz' stammt von Kevin Ashton aus dem Jahre 1999 [3, 4] und tauchte somit weit vor Industrie 4.0 auf. IoT wurde in Anlehnung an das Internetzeitalter proklamiert. IoT ist ein Sammelbegriff für Technologien für eine globale Informationsinfrastruktur, die es erlaubt physische und virtuelle Gegenstände, d. h. Maschinen, Computer, Sensoren miteinander über das Internet zu vernetzen. Das ‚Allesnetz' ist somit in der Lage, plattformunabhängig mittels Informations- und Kommunikationsstrukturen zusammenzuarbeiten. Heute wird es in Industrie 4.0 auch oft als IIot (Industrielles Internet of Things) bezeichnet.

Die im Sinne IoT vernetzten Geräte reichen von normalen Haushaltsgegenständen, Handys, Tablets bis hin zu anspruchsvollen Industriewerkzeugen, Robotern und Maschinen.

Experten erwarten, dass die Anzahl der vernetzten IoT-Geräte bis 2025 mindestens auf 22 Mrd. ansteigen wird [4].

Der Begriff vom Internet der Dinge kam zwar erstmals 1999 auf, die Ursprünge des IoT gehen jedoch bereits zurück ins Jahr 1968:

Denn bereits im Jahr 1968 hat Richard („Dick") Morley erstmals sogenannte Programmable Logic Controller (PLC) oder Speicherprogrammierbare Steuerungen (SPS) entworfen – als spezielle Industriecomputer zur Steuerung von Fertigungsprozessen in Industriemaschinen.

© Der/die Autor(en), exklusiv lizenziert an Springer Fachmedien Wiesbaden GmbH, ein Teil von Springer Nature 2023
W. Babel, *Internet of Things und Industrie 4.0*, essentials plus online course,
https://doi.org/10.1007/978-3-658-39901-6_2

Wie in meinem Buch ‚Industrie, China 2025, IoT' [5] ausführlich beschrieben zeigt Abb. 2.1 die wesentlichen Meilensteine der Geschichte bezogen auf IoT und IIoT.

Hinsichtlich IoT sind bei den vernetzten SPS Interaktionen zwischen Menschen und beliebig vernetzten Maschinen, Robotern, Computern und Fertigungslinien in Kombination möglich.

Diese Art der Kommunikation, so schon damals Morley, kann den Menschen bei seinen Tätigkeiten entscheidend unterstützen: Seitdem ermöglichen immer kleiner werdende Computer zunehmend mehr Leistung bei gleichem Platzbedarf und erlauben heute bereits eine Vernetzung in kaum vorstellbaren Dimensionen.

Später bildeten die SPS (engl.: PLC-Programmable Logic Controller) eine wichtige Basis für die Maschine-zu-Maschine-Vernetzung, (M2M-Vernetzung) genannt, die theoretisch bereits 1968 von Morley definiert war.

In der Praxis wurde diese Theorie (M2M) allerdings erst im Jahr 1983 angewendet als der Ethernet-Standard für die Computernetzwerke definiert war und im Jahr 1986 erstmals Speicherprogrammierbare Steuerungen (SPS) mit Personal Computer (PCs) vernetzt wurden.

Den entscheidenden Schub jedoch erhielt die umfassende Vernetzung aller Geräte im Jahr 1989 mit der Konzeption des World Wide Webs durch Tim Berners-Lee sowie der Einführung des Internet-Protokolls TCP/IP im Jahr 1992. Beides zusammen bildete die entscheidenden Grundlagen für das Internet und somit auch für IoT in der heutigen Automatisierung.

Bis zur Idee des Internet of Things war es dann nicht mehr weit: Die Erfindung des Begriffs für ein Netzwerk aller möglicher übers Internet miteinander verbundenen Geräte und „Dinge" wurde dann im Jahr 1999 durch den Briten Kevin Ashton publiziert.

Dabei war die ursprüngliche Idee von IoT, mit intelligenten Sensoren ausgestattete Objekte nahtlos in die Umgebung zu integrieren, erreicht.

In diesem Zusammenhang wurde die automatische Identifikation mittels RFID (Radio Frequency Identification) [6, 7], welches wir im Kap. 3 besprechen als Grundlage für IoT gesehen:

RFID war allerdings nur ein Vorläufer von IoT, da die Kommunikation über das Internet gemäß Kevin Ashton fehlte. Allerdings erfüllten Sensoren in der Feldebene der Automatisierung (z. B. Automotive in der Fertigung in Verbindung mit den SPS oder im Fahrzeug) schon lange vor der Einführung des Internets die Anforderungen einer kompletten Vernetzung. Durch Erfassen von Zuständen, Auswertung und Einleitung von Aktionen via Aktoren erfüllten sich schon damals wesentliche Anforderungen des im Jahr 1999 proklamierten IoT. Generell war das Ziel von IoT im Jahr 1999 u. a. automatisch Informationen von Prozessen in der Umwelt oder Fabrik zu erfassen, miteinander zu verknüpfen und dem

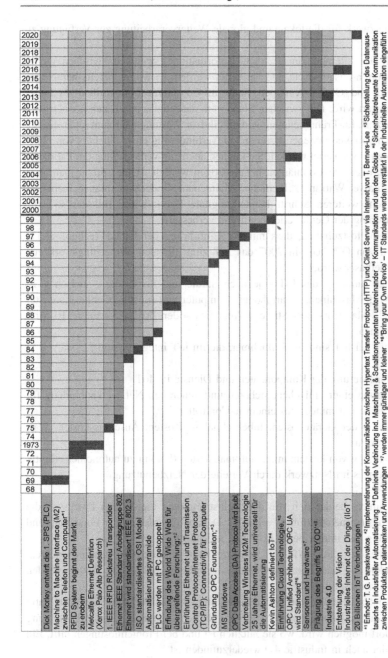

Abb. 2.1 Geschichte von IoT und IIoT [4, 5]

Internetnetzwerk für die lokale und globale Weiterverarbeitung zur Verfügung zu stellen.

Durch das Internet können solche Informationen weltweit zwischen globalen Standorten ausgetauscht und verwertet werden, so wie es bereits heute über die Cloud und OPC UA (Open Platform Communication Unified Architecture) realisiert wird. Die zwischen Standorten ausgetauschten Daten können vom Benutzer z. B. für Früherkennung von prädiktiver Wartung oder zum rechtzeitigen Austausch von Maschinenersatzteilen zur Verhinderung eines Ausfalls von Fertigungslinien ausgewertet werden: Sie können auch zur Verbesserung der Fabrikbedingungen oder Prozessabläufen herangezogen werden. Heute spricht man auch von ‚prädiktiver Wartung', ‚Predictive Maintenance' oder Assetmanagement!

In einem weiteren Schritt können digitale Services als Teil des IoT die Parametrierung der Geräte erleichtern und verbessern.

Es bleibt festzuhalten, dass mit der Einführung der Cloud Technologie in 2003 und von OPC UA in 2007 das IoT zum globalen Vernetzungswerkzeug auf Internetbasis wurde!

In 2020 umfasste das IoT – je nach Studie und Schätzung – zwischen 18 und 22 Mrd. Maschinen, Smartphones, Computer und sonstige Geräte. Laut Studie des US-Marktforschers Strategy Analytics sollen bis 2025 weitere 10 Mrd. hinzukommen.

Wichtig bei IoT sind für Teilnehmer, die im IoT integriert sind [2, 7]:

- Standardisierung der Komponenten und Dienste im IoT
- Einführung einer einfachen, sicheren und generellen Netzwerkanbindung für alle Geräte mit mindestens einem μ-Controller
- Reduktion der Gerätekosten, Inbetriebnahme-Kosten, Anschlusskosten, Wartungskosten
- Entwicklung von kostenarmen, automatisierten (bis hin zu autonomen) digitalen Services im Netzwerk durch Vorteile der Netzbenutzung

Das IoT unterscheidet sich von der ‚Selbststeuerung logistischer Prozesse', die u. U. keine Internetstrukturen verlangen. Dennoch werden in der Forschung und Entwicklung fast immer beide Konzepte verknüpft.

Tatsache ist, dass IoT und Industrie 4.0 unmittelbar zusammenhängen, insbesondere ist das Internetprotokoll in Industrie 4.0 eines der prägenden Kommunikationsprotokolle.

Eines ist aber m. E. von hoher Bedeutung: Bereits vor dem Jahr 2000 hatte IoT den Ansatz, Information so weit wie möglich zu streuen, damit die Nutzung überall dort möglich wird, wo sie nützlich ist und bei Problemlösungen hilft. Ein Ansatz, der auch in Industrie 4.0 wiederzufinden ist.

RFID (Radio Frequeny Identification) und seine wesentlichen Merkmale

Die Entwicklung von IoT (Internet of Things) ist eng verbunden mit der RFID-Technik (Radio Frequency Identification) als wesentliches Merkmal für intelligente Sensorlösungen.

RFID-Tags sind dabei die Grundlage für die automatische Kommunikation mit Radiowellen zwischen allen möglichen Objekten und Zentralsystemen. Die mit RFID-Tags ausgestatteten Objekte können Werkzeugträger, Chipkarten für die Zugangskontrolle, Visakarten für Bankautomaten, Maschinen in der Fabrik, Sensoren und vieles mehr sein.

Allerdings kann diese Technologie in seinen Ursprüngen nur als ein Vorreiter für das Internet der Dinge von Kevin Ashton (1999) gesehen werden, da eine Möglichkeit für die direkte Kommunikation zum damaligen Zeitpunkt über Internetprotokolle fehlte.

3.1 Geschichte von RFID

Interessant ist zu wissen, dass RFID erstmalig Ende des Zweiten Weltkrieges als eine Art Sekundärradar zur Feinerkennung eingesetzt wurde.

Der Erfinder von RFID ist der schwedische Erfinder und Radioingenieur Harry Stockmann. Ende der 1960er-Jahre wurde von SIEMENS bereits die (RFID-) SICARID entwickelt, mit der unter anderem Eisenbahnwagen identifiziert werden konnten.

Kommerziell ist RFID seit den 70er Jahren auf dem Markt und wurde seit den 1980er Jahren stark durch die Entscheidung mehrerer amerikanischer Bundesstaaten sowie Norwegens gefördert.

© Der/die Autor(en), exklusiv lizenziert an Springer Fachmedien Wiesbaden   7
GmbH, ein Teil von Springer Nature 2023
W. Babel, *Internet of Things und Industrie 4.0*, essentials plus online course,
https://doi.org/10.1007/978-3-658-39901-6_3

In den 1970er-Jahren wurde die erste einfache kommerzielle RFID-Technik auf den Markt gebracht. Es handelte sich dabei um elektronische Warensicherungssysteme (engl. Electronic Article Surveillance, EAS). Durch Prüfung auf Vorhandensein der Kennung wurde bei Diebstahl ein Alarm ausgelöst. Die Systeme basierten auf Hochfrequenztechnik bzw. niedrig- oder mittelfrequenter Induktionsübertragung. Bauteile wie smarte Sensoren und Aktoren erweitern die Funktionalität der RFID Technologie, um die Erfassung von Zuständen bzw. die Ausführung von Aktionen zu realisieren.

RFID-Transponder wurden zu Beginn der Entwicklung um 1980 zunächst vorwiegend als „LF 125 kHz passive Transponder" produziert und eingesetzt. Beispielsweise sind ISO- und CLAMSHELL-Card-Bauformen aus dem LF-125-kHz-Bereich die weltweit am häufigsten verwendeten Bauformen im Bereich Zutrittskontrolle und Zeiterfassung.

Weiter existieren auch Bauformen, die im Autoschlüssel eingebaut sind (Wegfahrsperre) bzw. als Implantate im Pansen oder Ohrmarken zur Identifikation von Tieren dienen.

RFID-Transponder werden seit den 90er Jahren im Straßenverkehr für Mautsysteme eingesetzt. In den 1990er kam die RFID-Technik, wie beispielsweise der E-ZPass, der als Mautsystem seit 1993 in den nordöstlichen Vereinigten Staaten und in Südostasien, zum Einsatz.

Erweiterte Definitionen der RFID Technik zum Internet der Dinge betonen die Zugehörigkeit zum zukünftigen Internet (Future Internet) [8].

3.2   Technik von RFID

RFID, englisch, **R**adio-**F**requency **ID**entification' bedeutet „Identifizierung mit Hilfe elektromagnetischer Wellen". RFID bezeichnet eine Technologie für Sender-Empfänger-Systeme zum automatischen und berührungslosen identifizieren und lokalisieren von Objekten und Lebewesen mit Radiowellen.

Die RFID Technologie ist sehr umfangreich und weist viele kundenspezifische Designs auf.

Grundsätzlich gibt es passive RFID, semi-aktive RFID und aktive RFID.

Technologisch besteht prinzipiell jedes RFID System aus einem Transponder und einem aktiven Lesegerät oder auch Abfragegerät.

Hauptmerkmale der IoT Technik im Zusammenhang mit RFID sind folgende:

- Auf einer IoT-fähigen Platine ist in der Regel eine USB-, Ethernet- oder WLAN- Anbindung. Über Ethernet und das TCP/IP Protokoll wird die Internetfähigkeit sichergestellt.
- Mit dem modernen Mobilfunk der neuesten Generation werden Daten auch unter schwierigen Bedingungen übermittelt.
- Intelligente IoT HW benötigen heutzutage ein Betriebssystem und ein SIM-Modul (Subscriber Identity Module) als „Teilnehmer-Identitätsmodul".
- Die beliebtesten Betriebssysteme für komplexe IoT-Geräte sind Windows 10 IoT und Android Things.

3.2.1 Passive RFID-Systeme

Passive RFID-Technologie ist die einfachste der drei Typen: Sie besteht aus einem aktiven Lesegerät und einem passiven RFID-Tag. Der Tag besteht aus einem integrierten Schaltkreis und einer Antenne.

Passive RFID-Tag besitzen keine Konstantstromquelle und keine Batterie.

Sie beziehen ihre Energie aus dem feldstarken Abfragesignal des Lesegerätes. Das Lesegerät sendet ein starkes Signal an alle Tags in seinem Lesebereich. Die Tags empfangen das Signal auf ihren Antennen und verwenden die Energie zur Speisung ihrer IC's. Wenn die Elektronik ihre Aufgabe erfüllt hat (Kennung), kommuniziert sie mit induktiver Kopplung oder Rückstreukopplung mit dem Lesegerät.

Vorteile:

- Kostengünstig wegen nur 3 Komponenten, IC, passive Antenne.

Nachteile:

- Kurze Reichweite bis maximal 0,6 m–3 m (hohe Frequenz).
- Begrenzte Speicherkapazität. Die meisten permanenten Speicher benötigen Strom. Ohne eingebaute Batterien sind nur sehr wenige Daten speicherbar.
- Erfordert leistungsstarkes Lesegerät.
- Keine zusätzlichen Sensoren möglich, da Energieversorgung fehlt.

Passive Tags finden Sie beispielsweise im deutschen Personalausweis, der seit 2010 einen RFID Chip eingebaut hat. In diesem sind einige Informationen gespeichert, die der elektronischen Authentisierung dienen.

3.2.2   Semi-passive RFID-Systeme

In einem semipassiven RFID-System haben die Tags eine Batterie, aber keinen aktiven Sender. Sie benutzen induktive Kopplung und Strahlungskopplung zur Kommunikation und haben somit immer noch eine relativ begrenzte Reichweite.

Semi-Passive RFID-Systeme können aber für Sensoren und Datenspeicher benutzt werden. Die Batterie übernimmt lediglich die Versorgung des Mikrochips im Transponder. Im Ausnahmefall können auch Sensoren mit niederem Leistungsverbrauch versorgt werden.

Vorteile:

- Störungsarm, nur wenig Rauscherzeugung.
- Mittlere Reichweite bis 15 m–25 m, geeignet für logistische Prozesse.

Nachteile:

- Begrenzte Lebensdauer wegen Batterie: Betriebsdauer 2–6 Jahre; weniger robust als passive Transponder wegen komplexerem IC und Antenne.
- Der Transponder benötigt zwar für die Energieversorgung keine weitere Quelle, er erfordert jedoch nach wie vor ein Lesegerät zur Kommunikation.

3.2.3   Aktive RFID-Systeme

Aktive RFID-Systeme haben eine sehr komplexe Technik. Das Tag hat eine große Batterie und einen aktiven Sender.

Vorteile:

- Reichweite bis 90 m.
- Lesegerät hat geringen Stromverbrauch, da aktive Tags eine stromführende Antenne verwenden.

• Mehr Komponenten und vor allem leistungsfähigere Prozessoren. Es sind multisensorfähige und multispeicherfähige Anwendungen möglich.

Nachteile:

• Teuer
• Begrenzte Lebensdauer von 3–5 Jahren.
• Gewicht und Größen: Hauptvolumen nimmt i. d. R. die Batterie ein
• Aktiver Sender erzeugt Rauschen.
• Für Lagerscans nicht geeignet (Logistik) wegen gegenseitiger Störbeeinflussung.

Aktive Tags werden dort eingesetzt, wo die zu verfolgenden Objekte wie z. B. bei der Containerlogistik oder bei Lastkraftwagen relativ teuer sind.

3.2.4 Kommunikation zwischen Transponder und Lesegräten

Die RFID-Tags arbeiten gemäß Tab. 3.1 bei definierten zugelassen Frequenzen (ISM-Bänder; **Industrial, Scientific and Medical Band**):

Die freigegebenen Frequenzen für LF- und UHF-Tags unterscheiden sich regional für Asien, Europa und Amerika und sind von der International Telecommunication Union (ITU) [5] koordiniert.

Eingesetzt werden für die Kommunikation zwischen Transponder und Lesegeräten die in Industrie 4.0 gängigen Modulationsverfahren z. B. [5, 9]:

• Amplitude Shift Keying (ASK): Verwendet beim proximity and vicinity coupling
• Frequency Shift Keying (FSK,): Verwendet beim vicinity coupling

Tab. 3.1 RFID Tag Frequenzen

Langwelle (LW)	Mittelwelle	Kurzwelle (HF)	UHF	SHF*
125 kHz	375 kHz	13,65 MHz	Europa	
134 kHz	500 kHz		865 -869 MHz	2,45 GHz
250 kHz	625 kHz		USA und Asien	5,8 GHz
	750 kHz		950 MHz	
	875 kHz			
				* Super High Frequency

Weitere Modulationsverfahren und Kanalcodierungsverfahren sind in [5] ausführlich beschrieben.
Ein typischer Hersteller von Transponderchips ist NXP Semiconductors [5].

3.2.5 Zusammenfassung Technik RFID Systeme

Als Daumenregel kann man sich folgende 3 Punkte merken:

1. Passive Tags unterstützen keine Sensoren und Speicher und haben eine kurze Reichweite.
2. Semi-passive Tags haben eine mittlere Reichweite und können trotzdem günstig sein. Sie können Sensoren und Speicherbausteine energiemäßig unterstützen.
3. Aktive Tags können viele Funktionen erfüllen, sind aber groß, teuer und schwer. Sie unterstützen einfache und komplexe Sensorsysteme.

Abb. 3.1 fasst in einfacher Weise die Vorteile und Nachteile von passiven, semi-aktiven und aktiven RFID-Systemen zusammen.

	Vorteile	Nachteile
Passive RFID	Kostengünstig wegen weniger Komponenten IC passvive Antenne	Maximale 60 cm-3 m Reichweite Begrenzter Speicher Starkes Lesegerät erforderlich Keine Sensoren möglich, da keine Batterie
Semi passive RFID	Mittlere Reichweite bis 15m Störungsarm Sensoren vernetzbar aufgrund von Batterie	Begrenzte Lebensdauer 2-6 Jahre Tag weniger robust wegen IC und Antennen
Aktive RFID	Reichweite bis 90 m Lesegerät mit geringem Stromverbrauch Aktive Tags haben stromführende Antenne Multisensorfähig , leistungsfähige Prozessoren	Teuer Begrenzte Lebensdauer 3-6 Jahre Gewicht und Größe (Batterie) Aktiver Senser erzeugt Rauschen Für Lagerscans nicht geeignet

Abb. 3.1 Vor und Nachteile der unterschiedliche RFID-Typen

Verbreitung.
Kumuliert wurden in den Jahren von 1944 bis 2005 insgesamt 2,397 Mrd. RFID-Chips verkauft [11]. Die Kosten eines Transponder beginnen bei einigen Cent bis hin zu komplexen Platinen mit ca. 20 € bis 30 € und darüber.

Soweit im Überblick zur RFID-Technik. Für weitere Vertiefung sei auf die reichhaltige Literatur verwiesen.

IoT und Industrie 4.0 – Zusammenhänge

4

Wie bereits gesagt ist IoT eng mit Industrie 4.0 und der momentanen Fabrik- und Prozessautomatisierung verbunden.

‚Wer Industrie 4.0 sagt meint IoT' ist eine der Kernaussagen zu Industrie 4.0 und IoT.

Damit ist insbesondere der Aspekt angesprochen, dass alle Maschinen, Menschen, Sensoren (RFID), Roboter miteinander kommunizieren und Informationen zur gegenseitigen Unterstützung sowie Optimierung von Prozessen austauschen und dabei lokal und global über das Internet verbunden sind.

4.1 Geschichte von Industrie 4.0

Industrie 4.0 war 2016 die Bezeichnung für ein Zukunftsprojekt zur umfassenden Digitalisierung der industriellen Produktion, um sie für die Zukunft besser zu rüsten.

Der Begriff geht zurück auf die Forschungsunion der deutschen Bundesregierung und ein gleichnamiges Projekt in der Hightech-Strategie der Bundesregierung. Die industrielle Produktion soll mit moderner Informations- und Kommunikationstechnik weltweit verzahnt werden. Die technische Grundlage sind intelligente und digital vernetzte Systeme, mit denen eine selbstorganisierte Produktion möglich werden soll: Menschen, Maschinen, Anlagen, Logistik und Produkte kommunizieren und kooperieren in der Industrie 4.0 direkt miteinander. Durch die Vernetzung soll es möglich werden, nicht mehr nur einen Produktionsschritt, sondern eine ganze Wertschöpfungskette zu optimieren. Das Netz soll zudem alle Phasen des Lebenszyklus des Produktes einschließen – von der Idee eines Produkts über die Entwicklung, Fertigung, Nutzung und Wartung bis zum Recycling [5]. IoT zielt in diesem Zusammenhang darauf ab, dass alle Maschinen, Anlagen, Logistik und Produkte

© Der/die Autor(en), exklusiv lizenziert an Springer Fachmedien Wiesbaden GmbH, ein Teil von Springer Nature 2023
W. Babel, *Internet of Things und Industrie 4.0*, essentials plus online course,
https://doi.org/10.1007/978-3-658-39901-6_4

Abb. 4.1 IoT und Industrie 4.0 – Prozesse und deren Zusammenhänge

mit den Menschen direkt kommunizieren und somit die Wertschöpfungskette enorm optimiert.

Abb. 4.1 zeigt die Hauptaspekte von Industrie 4.0 in einer Zusammenfassung, die hauptsächlich die Vernetzung aller Sensoren Maschinen und Fabriken basierend auf Internet zum Inhalt hat, was die Grundidee von Kevin Ashton aus dem Jahr 1999 für IoT war.

Von der Geschichte her wurde der Begriff Industrie 4.0 im Zusammenhang mit IoT von Henning Kagermann, Wolf-Dieter Lukas und Wolfgang Wahlster geprägt [5]. Im Jahr 2011 wurde Industrie 4.0 auf der Hannovermesse HMI proklamiert. Im Oktober 2012 wurden der Bundesregierung Umsetzungsempfehlungen übergeben. Am 14. April 2013 wurde auf der Hannover-Messe der Abschlussbericht mit dem Titel ‚Umsetzungsempfehlungen für das Zukunftsprojekt Industrie 4.0' des Arbeitskreises Industrie 4.0 vorgelegt. Der Arbeitskreis stand unter dem Vorsitz von Siegfried Dais (Robert Bosch GmbH) und Henning Kagermann (acatech).

Es kam in der Arbeitsgruppe Industrie 4.0 zu einem Zusammenschluss der Branchenverbände Bitkom, VDMA und ZVEI. Die Plattform Industrie 4.0 wurde weiter ausgebaut und steht inzwischen unter der Leitung der Bundesministerien für Wirtschaft und Energie (BMWi) sowie Bildung und Forschung (BMBF).

Industrie 4.0 und IoT haben zur Aufgabe Mensch, Maschinen und Produkte direkt miteinander intelligent zu vernetzen: ‚Die vierte industrielle Revolution hat begonnen', so sinngemäß das Bundesministerium für Wirtschaft und Energie [12, 13].

4.2   Inhalte und Forderungen von Industrie 4.0

Wie in Abb. 4.1 gezeigt, geht es bei Industrie 4.0 um den Prozess ‚Vom Kunden zum Kunden', komplett vernetzt und automatisiert mit standardisierten Schnittstellen und Interfaces.

Diese Vernetzungstopologien können mit Kupfer-Kabeln und Lichtwellenleitern und/oder Funkstrecken (WLAN) realisiert werden, solange sie den Standards genügen. Dabei werden alle Kommunikationsebenen zwischen Fabrik/Prozess bis hin zum ERP-System (Enterprise Ressource Planning-System) eingeschlossen, sowohl innerhalb einer Fabrik als auch im globalen Umfeld.

Es sollen für den Informationsaustausch alle Anwendungen z. B. innerhalb eine Trinkwasseraufbereitungsanlage oder eine Automobilproduktion alle Maschinen, Roboter, Anlagenteil miteinander kommunizieren und ineinandergreifen.

Alle Prozesse müssen hohe Qualitätsanforderungen erfüllen, und zwar über alle Teilprozesse und -bereiche als auch global. Oft wird an dieser Stelle das Total Quality Management (TQM) angeführt. TQM umfasst alle Prozesse und ist nicht mit Qualitätssicherung zu verwechseln.

Sicherheitsaspekte sind oberstes Gebot und müssen die Sicherheit des Menschen mit hoher Wahrscheinlichkeit garantieren. Hierzu sind die Vorschriften für Produkte für explosionsgefährdete Umgebungen (EX-Schutz) strikt einzuhalten, sowie die Produkte unter sicherheitsrelevanten Anforderungen, den sogenannten Safety Integrity Levels (SIL) zur Sicherheit des Menschen zu entwickeln. Ebenso von Bedeutung sind die Sicherheitsvorschriften IP-Schutzarten (International Protection-Schutzarten) für das Zusammenwirken zwischen Umwelt, Produkten und Mensch.

Alle Prozesse sollen automatisiert werden und den Menschen bei der Arbeit unterstützen. Automatisieren meint die Verkettung der Produktionsprozesse mit Robotern und die komplette Vernetzung Kommunikation sowie den Datenaustausch untereinander. Nicht jede Automatisierung macht Sinn und es muss im Sinne des Return on Investment (ROI) entschieden werden, wo Automatisierung Sinn macht und wo nicht.

Für die Prozesskontrolle und den effizienten Ablauf sind entsprechende Hardware- und Software-Tools sowie intelligente Sensoren und Aktoren inline/online in den Prozessen integriert, die Daten in Echtzeit errechnen und an übergeordnete Stellen weiterleiten, welche wiederum die Prozesse online (inline) korrigieren, regeln und steuern (Mensch).

Die Sensoren und Aktoren führen Echtzeitregelungen zur Güte der gesamten Prozess- und Automatisierungskette durch.

Im Detail werden die Maschinen und Sensoren untereinander im Sinne der besten Effektivität vernetzt, gesteuert, überwacht und kontrolliert.

Die Vernetzung erfolgt dabei gemäß der Automatisierungspyramide (1985) über 5 Ebenen, von den Sensoren im Feld über die Ebene der speicherprogrammierbaren Steuerungen (SPS) in den Kontrollraum (SCADA System) und von da zum übergeordneten Fertigungs-Management System (MES-System) bis hin zur Unternehmensebene (ERP-System).

Global gesehen wird als standardisierte Vernetzungstopologie und Kommunikation zunehmend OPC UA (Open Platform Communication Unified Architecture) eingesetzt. Dies gilt sowohl innerhalb von Fabriken sowie auch für deren globalen Vernetzungen.

OPC UA steht in unmittelbarem Zusammenhang mit dem Internet und dem Cloud Computing und ist heute der beste Standard für horizontale und vertikale Kommunikation. Horizontal Kommunikation meint ‚von Maschine zu Maschine‘, vertikale Kommunikation meint z.B. ‚von Maschine über SPS zum SCADA (Supervisory Control And Data Acquisition) System‘.

Von den Fertigungsprozessen in den Fabriken steht One Piece Flow als Optimierungskriterium für effiziente Fertigungsabläufe im Fokus.

Dieser Aspekt gewinnt insbesondere im Hinblick auf zunehmende kundenspezifische Fertigungen immer mehr an Bedeutung, da eine hohe Flexibilität entscheidend für die Gewinnoptimierung ist.

Logistisch gesehen sind für die optimale Lagerhaltung virtuell nachgeführte Kanban Systeme im Zusammenspiel mit physischen Kanban-Systemen in der Fertigung vor Ort von hoher Bedeutung. Die Interfaces zwischen beiden Kanban's werden permanent optimiert.

Virtuelle und physische Kanban-Systeme stehen im direkten Zusammenhang mit optimaler Lagerhaltung im Hinblick auf kurze Fertigungszeiten und geringen Lagerkosten.

Unmittelbar im Zusammenhang stehen logistisch die Optimierung der Lieferkette und die Fertigungszeiten im Vordergrund. Es handelt sich damit um die Erhöhung der Wertschöpfungskette, das treibende Element einer jeden Fertigung seit Beginn der 1. Industriellen Revolution.

Dass die Qualität hier die bedeutende Stellschraube für Kosten ist im Hinblick auf Ausschuss und Anlagenstillstand, ist seit den ersten industriellen Revolution selbsterklärend.

Ebenso ist der kostenmäßig der Materialeinsatz von extremer hoher Bedeutung. Denn jedes auf Lager liegende und nicht benutzte Material ist totes Kapital, das man in den Fabriken gut anderweitig nutzen könnte.

Je höher der Automatisierungsgrad, desto mehr kann der Mensch unterstützt werden. Allerdings erhöht sich mit der Automatisierung einer Produktion auch unter Umständen der Service und die Stillstandzeiten, die stetig im Auge behalten werden müssen. In diesem Punkt liegen u. U. die Erfolge einer Produktion. Es sei betont, dass nicht jeder Automatisierungsschritt Sinn macht. Die ROI Kosten (Return on Investment) sind dabei der entscheidende Faktor.

Die Stillstandzeiten sind bei modernen Fertigungen von immenser Tragweite. Hier müssen die Fertigungsprozesse zwischen automatisierten und manuellen Arbeitsschritten optimiert werden, damit diese ‚Downtimes' so gering wie möglich gehalten werden können. Entsprechende Wartungskonzepte sind bereits bei der Planung und Erstellung einer Fertigungslinie von Beginn an zu definieren.

Je mehr die Automatisierung und die Globalisierung voranschreiten, desto mehr müssen globale Konzepte für die Wartung und die Instandhaltung von globalen vernetzten Fertigungsstraßen zur Anwendung kommen. Die Ersatzteilhaltung spielt hier eine ebenso zentrale Rolle wie die globale Multiplizierung der Fertigungslinien.

Im Sinne des globalen Assetmanagement kommen der vorhersagenden Wartung von Maschinen und Anlagen immer Bedeutung zu. Letztlich kommen für alle diese modernen Systeme für Produktion und Wartung in zunehmendem Maße Methoden der künstlichen Intelligenz zum Einsatz. Künstliche Intelligenz (KI), Künstliche Neuronale Netzwerke (KNN) und Expertensysteme [5] sind typische Vertreter dieser modernen Mustererkennungsalgorithmen.

Für Industrie 4.0 und IoT sind unter allen diesen Aspekten die standardisierte vertikale und horizontale Kommunikation zwischen allen Netzwerkteilnehmer das tragende Element sowie die Basis aller Kommunikation zwischen den Sensoren und Maschinen, deren fehlerfreies Interagieren und reibungsloses Ineinandergreifen von Aktionen und Reaktionen: Genau diese grundlegenden Aufgaben hat das Internet of Things oder das ‚Allesnetz' im Zusammenhang mit Industrie 4.0 zum Inhalt.

4.3 Einordnung von Industrie 4.0

Seit circa 6–7 Jahren ist aus meiner Sicht bei uns die bewährte und tradierte Technologie unter dem Schlagwort Industrie 4.0 der große ‚Renner' geworden und die Evolution des Fortschrittes ist kontinuierlich vorangeschritten.

Wie oben gelistet, soll die Forschungsplattform 4.0 die industrielle Produktion mit moderner Informations- und Kommunikationstechnik durch intelligente Systeme, digital standardisieren und vernetzen: In diesem Sinn sollen Menschen,

Sensoren, Maschinen, Roboter, Anlagen, Logistik und Produkte direkt miteinander kommunizieren und kooperieren. Genau genommen geht es dabei darum, die gesamte Wertschöpfungskette über den Produktlebenszyklus zu verbessern und zu optimieren. Die uneingeschränkte Kommunikation vom Sensor in den Kontrollraum und von da weiter bis ins Firmenmanagementsystem (ERP, z.B. SAP) über das Internet ist die Voraussetzung für IoT und Industrie 4.0. Die Frage sei erlaubt: War aber genau das nicht schon immer die Prämisse seit es Computer und µ-Controller gibt?

Es sei hervorgehoben, dass sich diese Forderungen von Industrie 4.0 und IoT in der Systemarchitektur der Automatisierungspyramide, die seit 1985 (!) definiert ist, wiederfinden. Und auch die Feldbusse (z.B PROFINET, EtherCAT, EtherNet/IP, PROFIBUS usw.) und Bussysteme (Ethernet TCP/IP, HART IP, OPC UA usw.), basierend auf dem OSI Modell von 1984 sind seit Jahren die grundlegenden standardisierten Kommunikationsprotokolle.

Ich selbst erinnere mich noch an die ersten Vorträge von Firmen nach der Proklamation von Industrie 4.0, dass man nun alles vernetzen kann und den Menschen nicht mehr bräuchte. Man sah plötzlich die all umfassenden Lösungen ohne Menschen in der Automatisierungskette: Anstelle des Menschen traten selbstlernende Roboter, die den Menschen ablösen, ‚Smarte Fabriken' ohne Eingriffe von Menschen. Weltweite autonome Vernetzung von Systemen. Aus meiner Sicht: Welch ein Fortschritt oder auch vielleicht welch ein Irrtum [14]!

Ich führte viele Fachdiskussionen in diese Richtung und ich kann es nur immer wieder wiederholen: Bei dem Programm Industrie 4.0 oder die sogenannte vierte industrielle Revolution handelt es sich einfach ausgedrückt, lediglich um eine vernetzte industrielle Produktion mit moderner standardisierter Informations- und Kommunikationstechnologien basierend auf den Grundgedanken von IoT und RFID [1, 2, 15] die zur Aufgabe hat die Wertschöpfungskette zu optimieren und das Life Cycle Management von Anlagen und Fabriken in weltweiter Vernetzung zu verbessern.

Grundlegende Struktur für IoT – Die Automatisierungspyramide von 1985

5.1 Geschichte und Normierung

Der Begriff Automatisierungspyramide stammt aus den achtziger Jahren und umfasste zunächst die Ein- und Ausgabeebene (I/O) zwischen Feld, SPS Ebene und SCADA- System(Supervisory Control And Data Aquisition)- Ebene (Kontrollraum) SCADA- System war grundlegend für die Automatisierung für die Mensch-Maschine-Schnittstelle, auch Human Machine Interface (HMI) oder Grafical User Interface (GUI) genannt. Später kamen die MES-Ebene (Manufacturing Execution System) und ERP-Ebene (Enterprise Resource Planning-System) hinzu.

Die Automatisierungspyramide [16] ist die gängige Vernetzungs- und Kommunikationsstruktur von 1985 innerhalb von Industrie 4.0 und dem IoT (Allesnetz von Kevin Ashton von 1999). Die Automatisierungspyramide ist die Topstruktur von IoT und definiert das Zusammenwirken von intelligenten Sensoren im Feld/Fabrik bis hin zur Unternehmensfügung, z. B. SAP. Die Automatisierungspyramide von 1985 (!) basiert auf dem OSI-Modell (Open System Interconnection-Modell) von 1984, das wiederum die grundlegenden Strukturen der Feldbusse (z.B. PROFINET, EtherCAT, EtherNet/IP, POWERLINK, SERCOS I-III usw.) und Bussysteme (z.B. OPC UA, Ethernet TCP/IP, HART IP usw.) definiert.

Die klassische IoT- oder Kommunikations- oder Automatisierungspyramide ist durch die IEC 62264 [17–20] genormt und umfasst entsprechend Abb. 5.1 fünf verschiedene Ebenen (engl.: Level 1 … 5) der Kommunikation. Dabei handelt es sich um eine internationale Normenreihe, die von der IEC (International Electrotechnical Commission) erarbeitet wurde und die Integration von Unternehmens-EDV und Leitsystemen definiert.

W. Babel, *Internet of Things und Industrie 4.0, essentials plus online course*, https://doi.org/10.1007/978-3-658-39901-6_5

Die Norm für die Netzwerktopologien wurde von der IEC erarbeitet. Basis der Norm ist die ISA-95 Spezifikation [21]. Die Norm ISA-95 ist gültig für die Integration von Unternehmens- und Betriebsleitebene in die Automatisierung.

Es seien an dieser Stelle kurz die wesentlichen Meilensteine in der Geschichte und die Spezifika der Automatisierung im Zusammenhang mit IoT und Industrie 4.0 erläutert, die zwangsläufig wegen zunehmender Komplexität zu einer Strukturierung der Kommunikation führen mussten:

Mit Einführung der μ-Controller und Signalprozessoren in den frühen siebziger Jahren wurden zunehmend intelligente Sensoren und die speicherprogrammierbaren Steuerungen in der Automatisierung eingesetzt, mit denen immer mehr Fertigungsprozesse gesteuert und geregelt wurden. Das heißt, es wurden analoge Sensoren entwickelt, die ihre Signale in der Regel zunächst an einen analogen Messwertaufnehmer (Transducer), Messwertumformer oder Transmitter (Intelligenz) übertrugen, dort ausgewertet und dann mittels dem weltweit standardisierten 4 ... 20 mA Signal. Später wurden diese Signale quasidigital mittels dem Feldbus 4 ... 20 mA HART und WirelessHART oder anderen Feldbussen wie z.B. PROFIBUS DP an die speicherprogrammierbaren Steuerungen (SPS) übertragen.

Mit fortschreitender Entwicklung des digitalen Zeitalters wurden analoge Spannungs- und die Stromsignale digitalisiert (A/D Wandler). Die digitale Regelungstechnik folgte der analogen Regelungstechnik.

Mit zunehmender Technologiefortschreibung wurden seit ca. 25 Jahren die Informationen gem. Abb. 5.1 von den Sensoren zur SPS und von da zum SCADA/HMI-System, sowie weiter über das MES-System bis zum ERP-System in unterschiedliche Kommunikationsprotokolle gewandelt und übertragen: z. B. PROFIBUS DP, PROFIBUS PA , FF (Fieldbus Foundation), Modbus, PROFINET, EtherNet/IP, EtherCAT, OPC UA, HART IP, um nur einige Feldbusse und Bussysteme zu nennen. Zwischen Sensoren, SPS und SCADA.System werden in der Regel echtzeitfähige Feldbusse eingesetzt, die Zykluszeiten von einigen μsec bis msec erfüllen. POWERLINK und SERCOS I-III sind beispielsweise typische Feldbusse für harte Echtzeitanforderungen mit einer Zykluszeit von < 1 msec.

Die SPS wurde somit zur ‚Sammelstelle' vieler intelligenter Sensoren, die für einen Produktionsprozess ausgewertet wurden. In der SPS wurde bei Abweichungen gegenüber Sollwerten die Regelungen in den Prozessen automatisch durchgeführt. Dabei wurden Stellglieder, Ventile und Motoren für Verfahrensprozesse so geregelt, dass der Prozess bei Abweichungen kontinuierlich wieder auf den Sollwert zurückgeführt wurde.

Diese einfachste Arte der Steuerung und/oder Regelung wurde im Laufe der Zeit immer mehr ausgebaut und perfektioniert. Heute finden Regelungen mit PID-Filtern (Proportional–Integral–Derivative), Kalman-Filtern, KI-Methoden, Künstlichen Neuronalen Netzwerken oder Neuro-Fuzzy [5] statt. Einfache Algorithmen

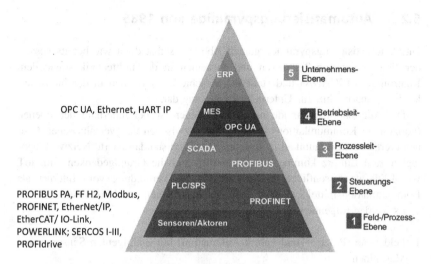

Abb. 5.1 Die Automatisierungspyramide als Basis Netzwerktopologie in Industrie 4.0 und IoT mit möglichen Feldbussen und Bussystemen

wurden durch prädiktive, intelligente Auswerte- und Regelungs-Algorithmen abgelöst. Echtzeitfeldbusse für Regelungen wie PROFIdrive, POWERLINK oder SERCOS I-III [5] entstanden.

Dies alles führte zu den in der Automatisierungspyramide definierten Netzwerk-Topologien und findet seit Jahren Anwendung bei der Vernetzung von der Fabrik- oder Prozessebene bis hin zum Firmenmanagementsystem (z. B. SAP).

Die Struktur der Automatisierungspyramide ist u. a. ein fester Bestandteil von Industrie 4.0 und IoT (IIoT). Dabei handelt es sich um eine Kommunikationsstruktur, die jede Ebene untereinander (Horizontale Kommunikation) sowie auch mit den nächsthöheren und darunterliegenden Ebenen (Vertikale Kommunikation) vernetzt. Verantwortlich hierfür sind die standardisierten Feldbusse und Bussysteme (Netzwerkprotokolle) .

Mehr als 25 Automatisierungspyramiden existieren heute in der Literatur und variieren in Anzahl der Ebenen und Benennungen [5]. Zum Teil entfallen je nach Priorität des Sachverhaltes die oberen oder die unteren Ebenen bzw. sind zusammengefasst.

5.2   Automatisierungspyramide von 1985

Die Automatisierungspyramide gemäß Abb. 5.1 selbst dient wie bereits gesagt, der Einordnung von Techniken und Systemen in der Leittechnik sowie dem Kontrollraum (SCADA) und stellt die verschiedenen Ebenen in der industriellen Fertigung bis hin zur Unternehmensführung dar.

Die Automationspyramide umfasst 5 Ebenen, wobei innerhalb der Ebenen (horizontale Kommunikationsstrukturen) und zwischen den verschiedenen Ebenen (vertikale Kommunikationsstrukturen) typisch standardisierte Netzwerktopologien zum Einsatz kommen. Basis hierfür sind die Grundgedanken zum IoT von 1999 als wesentlicher Ideengeber für die Verbindung vom Internet als Kommunikationsmittel zwischen intelligenten Sensoren und Maschinen. Es werden folgenden fünf Ebenen unterschieden:

1. Feldebene (Prozess- und Fabrik-Automation) mit intelligenten Sensoren und Maschinen.
2. SPS Ebene mit Speicherprogrammierbaren Steuerungen und I/O's, an welche die Sensoren zur Steuerung und Regelung angeschlossen werden.
3. SCADA/HMI Ebene, Kontrollraum oder Leitwarte, in der die Überwachung der Anlagen, Maschinen, Sensoren und die Vorgaben für die Regelungen erfolgen.
4. MES (Manufacturing Execution System) für die Echtzeit-Produktion und Überwachung der Prozessparameter
5. ERP Ebene (Enterprise Resource Planning), steuert die Prozesse vom ‚Kunden zum Kunden'.

Es sei betont, dass alle Ebenen auch im Sinne von IoT kommunizieren.

Wie bereits ausgeführt sind die standardisierten vertikalen und horizontalen Kommunikationsverbindungen die Feldbusse wie z. B. 4 ... 20 mA HART, PROFIBUS DP und PROFIBUS PA, FF (Fieldbus Foundation), I/O-Link, EtherCAT, EtherNet/IP, PROFINET, WirelessHART, WLAN, Wi-Fi, Ethernet TCP/IP, HART IP, OPC UA. Alle diese Feldbusse oder Bussysteme sind entsprechend des OSI Modells von 1984 aufgebaut [5]. Ethernet TCP/IP, HART IP, OPC UA sind nicht echtzeitfähige Bussysteme und kommen häufig zwischen SCADA-System, MES- und ERP-System zur Anwendung.

Die fünf Ebenen (Schichten oder Level) der Automatisierungspyramide sind im Detail:

5.2.1 Ebene 1: Feldebene

Die Ebene 1 ist die *Feldebene* oder Sensoren-/Aktorenebene und umfasst die branchentypischen Vorrichtungen wie intelligente Sensoren/Sensorsysteme, RFID- Systeme jeglicher Art, Motoren, Ventile, Stellglieder (Aktoren), Roboter. Dabei handelt es sich um eine schnelle, einfache und automatische Datensammlung, Datenreduktion, Auswertung und Weiterleitung an die SPS-Ebene. Über Eingabe- und Ausgabemodule (I/O) werden die Sensoren und Aktoren mit der SPS-Ebene verbunden und in der Regel auch mit Energie versorgt. Allerdings ist bis heute auch noch das Vierleiterprinzip verbreitet, bei dem die Datenweiterleitung zur SPS und die Energieversorgung der Messwertumformer oder Transmitter vor Ort separat mit je zwei Drähten gehandhabt werden. Dies trifft insbesondere für die Analysenmesstechnik zu.

Abb. 5.2 zeigt beispielhaft einen induktiven intelligenten pH-Sensor [5] Memosens, der Energie und Signalinformation über die Induktive Schnittstelle überträgt und der im Sinne RFID/IoT funktioniert.

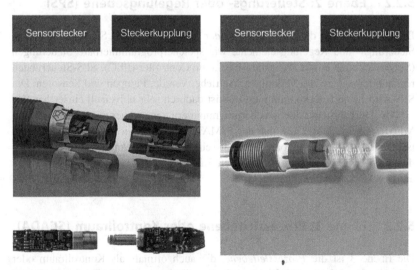

Abb. 5.2 Induktiv gekoppelter pH Sensor für Energie- und Datenübertragung. (Quelle: Knick Elektronische Messgeräte GmbH & Co.KG – alternative Memosenstechnologie (links); Endress + Hauser – Memosens (rechts))

Abb. 5.3 SIMATIC S5 mit
STEP 5 – Durchbruch in
der
Automatisierungstechnik.
(Quelle: Autor: Raizy;
Titel: Siemens S5-95U;
URL: Lizenzvermerk: CC
BY-SA 3.0, http://common
s,wikimedia.org/wiki/file:
siemens_s5-95u letzter
Zugriff 18.11.2022
Abb. 4.2, zeigt den
Ausschnitt des
unveränderten Originals)

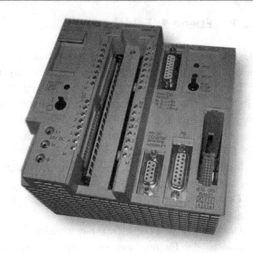

5.2.2 Ebene 2: Steuerungs- oder Regelungsebene (SPS)

Die Ebene 2 ist die *Steuerungs- oder Regelungsebene.* Sie beinhaltet die
Steuerungs- und Regelungselemente wie speicherprogrammierbare Steuerungen
(SPS) oder auch engl.: Programmable Logic Controller (PLC). SPS-Steuerungen
regeln oder steuern die Maschinen, Antriebe, Ventile, Pumpen und Sensoren. Die
SPS wird heute frei programmiert und ist dadurch sehr universell einsetzbar [5].

Der Durchbruch von speicherprogrammierbaren Steuerungen gelang SIE-
MENS erst im Jahr 1979 mit der SIMATIC S5, wie sie in Abb. 5.3 gezeigt
ist. Die frei programmierbare SPS hat sehr schnell die Vorgänger, die ‚festver-
drahteten', verbindungsprogrammierten Steuerungen (VPS), die seit April 1958
auf den Markt waren, abgelöst.

5.2.3 Ebene 3: Prozessleitebene oder Kontrollraum (SCADA)

Die Ebene 3 ist die *Prozessleitebene,* die auch oftmals als Kontrollraum oder
Leitwarte bezeichnet wird. Diese wird im englischen auch SCADA-Level (Super-
visory Control and Data Acquisition-Level) genannt. Im amerikanischen Raum
spricht man oft auch von DCS-Systemen (Distributed Control System). Der
SCADA Level ist somit in der Automatisierungspyramide die standardisierte
Verbindung zwischen dem MES und der SPS- Ebene [22–24].

Hier werden die Daten erfasst, ausgewertet sowie die technischen Prozesse überwacht und gesteuert: Bedienen und Beobachten sowie Messwertarchivierung sind die Aufgaben in dieser Ebene.

Allgemein ist es die Aufgabe des SCADA-Systems, die Prozesse zu optimieren. Die zur Regelung notwendigen Stellgrößen und Sollwerte werden vom SCADA-System in den speicherprogrammierbaren Steuerungen eingestellt.

5.2.4 Ebene 4: Betriebs- und Planungsebene (MES)

Das MES ist die *Betriebs- und Planungsebene* mit den Fertigungsmanagementsystemen. Diese Ebene, die das SCADA-System mit dem ERP- System verbindet, wird auch als MES-Level bezeichnet (MES: Manufacturing Execution System). Die Hauptaufgaben des MES sind Produktionsfeinplanung, Produktionsdatenerfassung, Ermittlung der Schlüsselkennzahlen oder ‚Key Performance Indicators' (KPI), Qualitätsmanagement und Materialwirtschaft.

Es sei an dieser Stelle gesagt, dass bis heute in vielen Fertigungen und Produktionen immer noch die Denkstruktur der achtziger Jahre hinsichtlich den Unternehmensorganisationen vorherrschend ist: Das ERP dominiert fast alle Funktionsbereiche eines Unternehmens und ist quasi ein Mädchen für Alles. In vielen kleineren und mittelständischen Unternehmen ist ein richtiges MES-System [25] oft nicht vorhanden.

Sind heute MES- und ERP-System in einer Firma vorhanden, so haben diese meistens noch getrennte Datenbanken, was die effiziente Benutzung stark einschränkt, da beide Datenbanken akkurat gepflegt werden müssen. Dies ist jedoch in den allerwenigsten Firmen der Fall.

Funktionsweise des MES und Abgrenzung zum ERP-System
MES-Systeme liegen, wenn vorhanden in einer Softwarearchitektur unterhalb des ERP-Systems. Die Informationen der MES Systeme werden in der Regel über Workstations (z. B. UNIX, Oracle) auf Bildschirmen (Prozessschaubild) im Kontrollraum dargestellt.

In Abb. 5.4 sind die dem MES zugedachten Funktionen grafisch wiedergegeben.

Laut Definition wird als MES oder Produktionsleitsystem eine prozessnahe, meistens in Echtzeit operierende Ebene eines mehrschichtigen Fertigungsmanagementsystems bezeichnet [26]. ERP-Systeme haben immer längere Rückmeldezeiten als MES-Systeme, Feinplanung und Maschinendatenerfassung sind nicht so ausgeprägt wie beim MES-System. Ein MES-System ist im Gegensatz

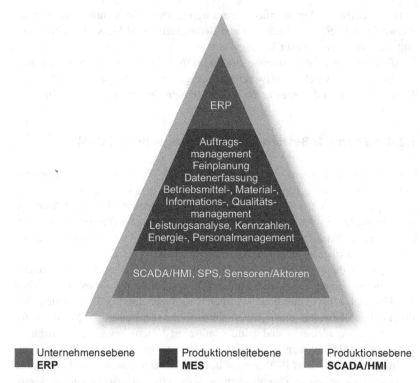

Unternehmensebene   Produktionsleitebene   Produktionsebene
ERP   **MES**   **SCADA/HMI**

Abb. 5.4 Funktionen eines MES Systems

zum ERP-System direkt an die dezentralen Einheiten der Prozessautomatisierung angebunden [27].

Bei der Produktherstellung kommt es heute laut Industrie 4.0 auf Termin-, Liefertreue, Flexibilität und Produktvielfalt an. Allerdings traf dieser Sachverhalt auch schon vor mehr als 40 Jahren zu!

Ein Manufacturing Execution System ist somit ein mehrschichtiges Gesamt-system, das als Bindeglied zwischen ERP und SCADA/HMI agiert und den eigentlichen Fertigungs- bzw. Produktionsprozess in der Fertigungs- bzw. Automatisierungsebene abdeckt. Insbesondere dient das MES der fortlaufend steuernden Durchführung einer bestehenden und gültigen Planung sowie der Rückmeldung aus dem Prozess.

5.2.5   Ebene 5: Unternehmensebene (ERP)

Die Ebene 5 der Automatisierungspyramide ist die *Unternehmensebene* oder das *ERP-System (Enterprise-Resource-Planning)*. Sie umfasst das System für das Firmenmanagement vom Kunden zum Kunden. Beispielsweise ist SAP, das 1971 aus der Taufe gehoben wurde, eines der bekanntesten ERP-Systeme weltweit: Bestellabwicklung, Produktionsgrobplanung, Lagerhaltung und Einkauf sind wichtige Programmmodule.

Enterprise-Resource-Planning ist die unternehmerische Aufgabe, Ressourcen wie Kapital, Personal, Betriebsmittel, Material sowie Informationsmittel und Kommunikationstechnik, im Sinne des Unternehmens bedarfsgerecht zu planen, steuern und zu verwalten [19, 28]. ERP ist ein integriertes System zur Steuerung der wichtigsten Prozesse im Unternehmen [28, 29].

Die Hauptaufgaben (Prozesse) eines ERP-Systems sind [5]:

- Vertrieb
- Beschaffung
- Produktion
- Logistik, Supply Chain
- Finanzen
- Human Resources
- Unternehmensführung
- Corporate Service
- Kundenbeziehungspflege (Customer Relation Management)

Alle Prozesse vom Verkauf, Auftragseingang, Kundenmanagement, Einkauf, Materialbedarfsplanung, Fertigungsplanung, Produktion und Lager, Lieferung und Rechnungsstellung, Service und Finanzen greifen beim ERP auf *eine Datenbank* zu. Die entsprechenden Zugriffsrechte sind streng geregelt.

Oftmals überlappen heute noch das ERP und MES-System Eine der wichtigsten Aufgaben des ERP-Systems ist die Materialbedarfsplanung.

Insbesondere haben heute ERP- und MES-System oftmals getrennte Datenbanken, was ich als das größte Problem einschätze: Doppelt gepflegte Datenbanken sind sehr fehlerbehaftet und enorm arbeitsintensiv.

5.2.6   Zusammenfassung

Wichtig bezüglich der horizontalen und vertikalen Netzwerktopologien (Automatisierungspyramide) im Sinne IoT ist, dass alle Ebenen über standardisierte Kommunikationsprotokolle, Bussysteme (Hardware und Software) oder Schnittstellen (Interfaces, Gateways) miteinander verbunden sind. Dies trifft sowohl innerhalb einer bestimmten Ebene (z.b. Maschine zu Maschine) wie auch zwischen den jeweils darüber- und darunterliegenden Ebenen (z.b. Maschine zum SCADA-System) zu. Dementsprechend vielfältig sind die Produkte für jede dieser Kommunikationsebenen.

Dies gilt für alle verschiedene Ausführungen der Automatisierungspyramide (Anzahl an Ebenen und Benennungen). Je nach Anwendung entfallen einige der Ebenen. Manchmal werden die Unternehmensebene und die Betriebsleitebene als Managementebene zusammengefasst. Die Leitebene hat in bestimmten Branchen spezielle Namen, z. B. Prozessleitebene, Verkehrsleitebene, Gebäudeleitebene, Kontrollebene oder Kontrollraum.

Die Feldebene wird manchmal zusätzlich noch in Ein-/Ausgabe-Ebene und Sensor-/Aktor-Ebene unterteilt. Grundsätzlich folgen sie aber immer dem Grundmodell der Automatisierungspyramide und der damit verbundenen Kommunikations- und Vernetzungsphilosophie, basierend auf dem OSI-Modell.

Das OSI-Modell (Open Systems Interconnection Model)

6

Das OSI-Modell (Open Systems Interconnection- Modell) ist das grundlegende Modell für IoT hinsichtlich der Feldbusse und der Bussysteme. Es regelt die Interfaces in Form von Bussystemen bezüglich unterschiedlicher Netzwerktopologien für die horizontale (z.b. von Maschine zu Maschine) und vertikale Kommunikation (z.b. von Maschine zum SCADA-System oder auch Kontrollraum) innerhalb der Automatisierungspyramide. Da IoT das Internet zum Inhalt hat, erfolgen die Ausführungen im Wesentlichen nur für die Protokolle, die mit dem Internet in Verbindung stehen. Jedoch sei vorweggenommen, dass die Anzahl der Kommunikations-Protokolle sehr zahlreich sind!

6.1 Geschichte und Aufbau des OSI-Modells

Wir haben in den bisherigen Kapiteln schon sehr viel von Automatisierung, Vernetzung, Kommunikation, Feldbussen undStandardisierung gesprochen. Das OSI-Modell ist eine weitere Vertiefung des IoT's. Für IoT und Industrie 4.0 ist das OSI-Modell (deutsch: Offenes System für Kommunikationsverbindungen) oder auch häufig als OSI-7-Schichten-Modell bezeichnet von entscheidender Bedeutung [30], da es die grundlegende Kommunikation der Feldbusse und Bussysteme bezüglich ihrer vertikalen und horizontalen Schnittstellen und Kommunikation in allen Einzelheiten definiert.

Die Entwicklung des OSI-Modells, das die Referenz für Netzwerkprotokolle und Schichtenarchitekturen ist, begann bereits im Jahr 1977/1978, also lang bevor IoT aus der Taufe gehoben wurde. Jedoch war das OSI-Modell in den Ausführungen von Kevin Ashton zum IoT grundlegend.

1983 wurde es von der ITU (International Telecommunication Union) [32] und 1984 von der ISO (International Organization for Standardization) als Standard

W. Babel, *Internet of Things und Industrie 4.0*, essentials plus online course, https://doi.org/10.1007/978-3-658-39901-6_6

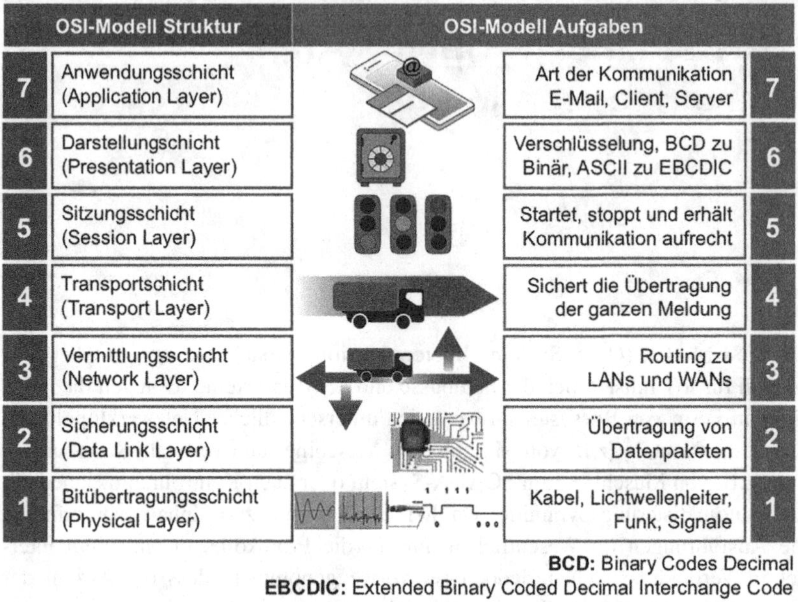

OSI-Modell Struktur		OSI-Modell Aufgaben	
7	Anwendungsschicht (Application Layer)	Art der Kommunikation E-Mail, Client, Server	7
6	Darstellungschicht (Presentation Layer)	Verschlüsselung, BCD zu Binär, ASCII zu EBCDIC	6
5	Sitzungsschicht (Session Layer)	Startet, stoppt und erhält Kommunikation aufrecht	5
4	Transportschicht (Transport Layer)	Sichert die Übertragung der ganzen Meldung	4
3	Vermittlungsschicht (Network Layer)	Routing zu LANs und WANs	3
2	Sicherungsschicht (Data Link Layer)	Übertragung von Datenpaketen	2
1	Bitübertragungsschicht (Physical Layer)	Kabel, Lichtwellenleiter, Funk, Signale	1

BCD: Binary Codes Decimal
EBCDIC: Extended Binary Coded Decimal Interchange Code

Abb. 6.1 OSI-7-Schichten-Modell (Open System Interconnection Model) [5]

veröffentlicht. Das OSI-Modell gilt als der Vater aller Kommunikationsprotokolle und umfasst gemäß Abb. 6.1 sieben Schichten (engl.: Layers) mit eindeutigen Schnittstellen.

Dabei ordnet das OSI-Modell die in einem Rechnernetzwerk benötigten Hardware- und Softwarekomponenten in insgesamt sieben Schichten ansteigender Komplexität an.

Je höher eine Schicht, desto weniger interessant ist sie für den technischen Ablauf der Datenübertragung und umso mehr ist sie mit dem eigentlichen Inhalt der Daten beschäftigt.

Abb. 6.1 zeigt das OSI-7-Schichten-Modell mit seinen entsprechenden Aufgaben.

Die Prämisse beim OSI-Modell ist, das die Sender- und Empfängerseite nach klaren Regeln arbeiten müssen, um fehlerfrei kommunizieren zu können. Entscheidend ist die Trennung der Schichten mittels eindeutiger Schnittstellen (Interfaces) im Sinne von Sicherheit, Zuverlässigkeit und Effizienz.

Jede Ebene stellt Dienste zu Verfügung, die von der darunterliegenden wie auch der darüberliegenden Schicht genutzt werden. Die 7 Schichten (engl.: Layer) sind wie folgt definiert [30]:

Schicht 1: Bitübertragungsschicht (Physical Layer)
Die unterste Schicht ist die Hardware im eigentlichen Sinn. Auf der Bitübertragungsschicht wird die digitale Übertragung von Bits auf einer leitungsgebundenen (Kupferkabel, Lichtwellenleiter) oder leitungslosen Übertragungsstrecke, z. B. WirelessHART oder Wi-Fi/WLAN, realisiert.

Zur Datenübertragung und Mehrfachnutzung (Multiplexen) des Übertragungsmediums muss eine Codierung erfolgen (Busprotokoll).

Die Steckerverbindungen sind eindeutig definiert. Typische Komponenten hierfür sind beispielsweise die RS484-Baugruppen und Softwaremäßig das Ethernet 2-Protokoll (Ethernet 2-Frame) in der Sicherungsschicht.

Schicht 2: Sicherungsschicht für Daten und Verbindung (Data Link Layer)
Ziel ist es, eine möglichst fehlerfreie Datenübertragung zu realisieren und den Zugriff auf die Bitübertragungsschicht zu gewährleisten. Dazu werden die Bitdatenströme in Blöcke oder Pakete (Frames) unterteilt und Prüfsummen im Rahmen einer Kanalcodierung hinzugefügt. Somit können fehlerhafte Blöcke erkannt und z. T. sogar korrigiert werden.

Typische Hardware-Komponenten für die Sicherungsschicht sind ‚Brücken' (engl.: Bridges) [33] oder Ethernet-Switches. Bridges können unterscheiden zwischen lokalen und entfernten Daten. Daten, die von einem PC oder Workstation zur anderen im selben Segment übertragen werden, umgehen die ‚Bridges' und die ‚Switches'. Das Ethernet 2-Protokoll selbst ist die Software für Schicht 1 und 2, wobei in der Regel die Zugriffskontrolle Mehrfachzugriffe mit Trägerprüfung und Kollisionsprüfung CSMA/CD (Carrier Sense Multiple Access/Collision Detection) [34] zum Einsatz kommen.

Schicht 1 und Schicht 2 sind die physikalischen Schichten für das Ethernet gemäß der Arbeitsgruppe IEEE 802.3.

Protokolle, die direkt auf der Bitübertragungsschicht (Physical Layer) aufsetzen sind z. B. IEEE 802.11 A WLAN, IEEE 802.5 (Token Ring), IEEE 802.4 (Token Bus).

Es gibt neben dem Ethernet Protokoll eine Reihe von weiteren Protokollen, die ebenfalls 2-Schicht-Protokolle sind, eines davon, das mit IoT und dem Internet in unmittelbarem Zusammenhang steht ist z. B. ARP (Address Resolution Protocol) [36, 37] ist ein Protokoll, das zu einer Netzwerk Adresse der Internetschicht die Hardware-Adresse der Netzzugangsschicht ermittelt. Diese Zuweisung wird, wenn angewendet, in denen die sogenannten ARP-Tabellen der beteiligten Rechner hinterlegt sind. Es wird fast ausschließlich im Zusammenhang mit der Internet-adressierung IPv4-Adressierung auf Ethernet-Netzen (IoT), also zur Ermittlung von MAC-Adressen, (Media Access Control Address oder Media Access Code) zu gegebenen IP-Adressen verwendet.

Ein weiteres wichtiges Zweischichtprotokoll ist das RARP (Reverse Address Resolution Protocol) [38] ist ein Netzwerkprotokoll, das die Zuordnung von Hardware Adressen zu Internet-Adressen ermöglicht. Es gehört zur Vermittlungsschicht der gesamten Internetprotokollfamilie.

Es gibt noch viele andere Protokolle, die in [5] ausführlich nachzulesen sind. Wichtig für all diese Protokolle ist, dass sie die Schnittstellen genau einhalten.

Schicht 3: Vermittlungsschicht (Network Layer)

Diese Schicht ist verantwortlich für das Schalten von Verbindungen und für die Weitervermittlung von Datenpaketen. Die Datenübertragung umfasst das *gesamte* Kommunikationsnetz über alle Schichten und schließt die Wegsuche (engl.: Routing) ein. Wichtige Bestandteile dieser Schicht sind die Bereitstellung netzwer-kübergreifender Adressen, das Routing und die Aktualisierung der Routingtabellen. Die Hardwarekomponenten auf dieser Schicht sind die bekannten Router, die jeder von seinem WLAN-Router zu Hause kennt!

Das Internetprotokoll (IP) ist einer der bekanntesten Vertreter der Vermitt-lungsschicht. Als Netzwerkprotokoll stellt es die Grundlage des Internets dar. Das Internetprotokoll ist die Implementierung der Internetschicht des TCP/IP-Protokolls bzw. der Vermittlungsschicht *(engl.: Network Layer)* des OSI-Modells.

Aber es gibt auch für diese dritte Schicht zahlreiche andere Protokolle wie z. B.:

Das IPSec (Internet Protocol Security) [39] ist eine sog. Protokoll-Suite, die eine gesicherte Kommunikation über das Internet ermöglicht. Hier zeigt sich einmal mehr, welche Bedeutung der Sicherheit in immer größerem Umfang zukommt.

Wichtig im Sinnes des IoT ist das ICMP (Internet Control Message Proto-col) [40] Es dient in Rechnernetzwerken dem Austausch von Informations- und Fehlermeldungen über das Internet-Protokoll in der Version 4 *(IPv4).* Für *IPv6* (Internetprotokoll Version 6) existiert ein ähnliches Protokoll mit dem Namen *ICMPv6* [41, 42].

Weiterhin spielt das IGPM (Internet Group Management Protocol) [43] im Sinne IoT eine wichtige Rolle. Es handelt sich um ein Protokoll der Internetprotokollfa-milie und dient zur Organisation von Multicast-Gruppen (Nachrichtenübertragung von einem Punkt zu einer Gruppe).

OSPF (Open Shortest Path First) [44] dient der Auffindung des kürzesten Verbindungsweges. Dieses Protokoll wurde von der IETF (Internet Engineering

Task Force) [45, 46] zur Verbesserung des Internets bezüglich Datensicherheit und schnellerer Geschwindigkeit entwickelt.

Die englische Internettechnik-Arbeitsgruppe oder Internet Engineering Task Force (IETF) ist eine Organisation, die sich mit der technischen Weiterentwicklung des Internets befasst. Das OSPF (Open Shortest Path First) ist in der Richtlinie RCF 2328 [46] nach dem Algorithmus von Edsger W. Dijkstra [47] standardisiert und sucht die kürzesten Kommunikationspfade.

Weitere Protokolle sind eingehend in [5] beschrieben.

Schicht 4: Transportschicht – Ende zu Ende Kontrolle (Transport Layer)
Die Hauptaufgabe dieser Schicht ist die Segmentierung des Datenstroms und die Vermeidung von Staus auf den Übertragungsmedien. Ein Datensegment wird auf der Transportschicht zur Datenkapselung verwendet. Es enthält im Protokoll Elemente für die Steuerungsinformationen. Als Adressierung wird ein Port (eine sog. Schicht 4-Adresse) vergeben. Das Datensegment selbst wird bereits in der Vermittlungsschicht (Schicht 3) in ein Datenpaket gekapselt. Die Schicht 4 bietet somit für die anwendungsorientierten Schichten *einen einheitlichen Zugriff*, ohne dabei die Eigenschaften des Netzwerkes berücksichtigen zu müssen. Es sei gesagt, dass es *fünf* verschiedene Klassen unterschiedlicher Güte von einfachen bis komfortablen Multiplexmechanismen und Fehlerbehebungsverfahren gibt.

Typische Protokolle für die vierte Schicht und eng an IoT angelehnt sind:

Die TCP/IP-Protokollfamilie (Transmission Control Protocol/Internet Protocol) umfasst folgende Netzwerkprotokolle: Im Kern handelt es sich, wie bereits ausgeführt, um das Internet Protocol (IP), das Transmission Control Protocol (TCP), das User Datagram Protocol (UDP) und das Internet Control Message Protocol (ICMP).

UDP (User Datagram Protocol) [48] ist ein minimales, verbindungsloses Netzwerkprotokoll, das zur Transportschicht der Internetprotokollfamilie gehört. UDP ermöglicht Anwendungen den Versand von Datagrammen in IP-basierten Rechnernetzen. Die Entwicklung von UDP begann 1977 für schnelle Sprachübertragung. Insbesondere bei OPC UA spielt dieses Protokoll eine wesentliche Rolle.

Schicht 5: Sitzungsschicht (Session Layer)
Die Sitzungsschicht hat als Aufgabe die Prozesskommunikation zwischen zwei Systemen sicherzustellen. Hier ist das bekannte RPC (Remote Procedure Call) [49] angesiedelt. Die Sitzungsschicht stellt somit die Dienste für einen synchronisierten Datenaustausch zur Verfügung. Maßgeblich hierfür sind die sogenannten Check Points, bei der eine durch einen Ausfall unterbrochene Kommunikation wieder aufgesetzt werden kann, ohne dass man dabei ganz von vorne beginnen zu müssen.

Ein typisches Protokoll hierfür ist das Connection Session Protocol nach ISO/IEC 9548-1:1996 [50].

Schicht 6: Darstellungsschicht (Presentation Layer)
Die Darstellungsschicht [51] setzt *systemabhängige Darstellungen* (wie z. B. ASCII) in eine *systemunabhängige Darstellung* um und ermöglicht somit den korrekten Datenaustausch zwischen zwei unterschiedlichen Systemen. Die Darstellungsschicht übernimmt ebenfalls die Datenkompression und die gewohnten Datenverschlüsselungen.

Diese Schicht stellt unter anderem sicher, dass Daten die von der Anwendungsschicht (Layer 7) eines beliebigen Systems gesendet werden, von der Anwendungsschicht eines beliebigen anderen Systems gelesen werden können.

Die Darstellungsschicht agiert quasi als ein Übersetzer (Dolmetscher). Die Normierung und Protokolle sind in der ISO 8822/X.216 (Presentation Service) und ISO 9548 (Connectionless Service) sowie im ISO 8327/X.226 (Connection Oriented Session Protocol) [5, 51] definiert.

Schicht 7: Anwendungsschicht (Application Layer)
Die Anwendungsschicht stellt zum einen Funktionen für die Anwendungen zur Verfügung und zum anderen die Verbindungen zu den darunterliegenden Schichten her. Sie steuert den Netzwerkprozess und regelt die Dienste. Zentral sind dabei die Eingabe und Ausgabe von Daten. Ein typisches Beispiel hierfür ist Google oder Bing. Im Application Layer ist z.b. auch das Feldbus Protokoll PROFINET angesiedelt

6.2   Zusammenfassung OSI-Modell

Zusammenfassend sei noch einmal gesagt, dass das OSI-Modell von 1983 der Standard für nahezu alle Protokolle ist. Auch das in Verbindung mit IoT stehende Ethernet TCP/IP, das wohl eines der am häufigsten verbreiteten Kommunikationsprotokolle ist, basiert auf dem OSI-Modell. Ethernet TCP/IP ist den meisten von uns aus Büro- und Gebäude- Automatisierung bekannt. Es wird aber auch in der Fabrik- und der Prozessautomation zwischen den oberen Schichten (Leveln) ab dem SCADA-System zum ERP-System verwendet.

IoT, Ethernet TCP/IP, OPC UA und Cloud Computing

7

IoT meint im großen Rahmen die Vernetzung aller Maschinen und intelligenten Sensoren mittels Internet. Dabei sind das Ethernet, Ethernet TCP/IP, Internet, OPC UA und Cloud Computing wesentlich Bausteine, die im Folgenden erläutert werden.

7.1 Geschichte von Ethernet, TCP/IP als Basis von OPC UA

Durch den Beginn des Internetzeitalters ab 1990 verbreitete sich der PC sehr schnell in Millionen von Haushalten und das Internet (World Wide Web) wurde zur Selbstverständlichkeit genauso wie das Automobil.

Das Internet begann genau genommen aber bereits 1969 als ARPANET (Advanced Research Projects Agency Network). In den Jahren 1973 und 1974 entwickelten Vinton G. Cerf und Robert E. Kahn am DARPA Information Technology Processing Office begonnen (DARPA: *Defense Advanced Research Projects Agency*) [54] eine Vorversion des heutigen TCP, um unterschiedliche Netzwerke zu verbinden. In vielen Weiterentwicklungen entstand daraus das heutige TCP/IP, wobei das Protokoll IPv4 (seit 1978) nach wie vor gegenüber dem IPv6-Protokoll (definiert im Jahr 1995) dominant ist. Beide Protokolle sind nicht kompatibel. Das TCP/IP Protokoll hat die Bitübertragungs- und Sicherungsschicht von Ethernet als Basis. Alle diese Ausführungen und unmittelbar mit dem Grundgedanken von IoT verbunden

Sicher spielte das Ethernet geprägte TCP/IP-Protokoll bei der Strategie von IoT von 1999 eine wesentliche Rolle.

© Der/die Autor(en), exklusiv lizenziert an Springer Fachmedien Wiesbaden GmbH, ein Teil von Springer Nature 2023
W. Babel, *Internet of Things und Industrie 4.0*, essentials plus online course, https://doi.org/10.1007/978-3-658-39901-6_7

Funktionsmäßig sieht es heute so aus, dass dann, immer wenn wir uns mit dem Internet verbinden, wir mit wenigen Anweisungen eine Verbindung zwischen Router und Computer (drahtgebunden) oder Handy (drahtlos) herstellen: Die Anmeldung im Netzwerk funktioniert ebenso automatisch wie der Bezug einer individuellen Internetadresse, die für das Empfangen und Senden von Daten benötigt wird. Ermöglicht wird das durch die Zusammenfassung von verschiedenen Internetprotokollen in der TCP/IP Suite [5, 53]. Genauso funktioniert auch das industrielle Internet in der Automatisierung.

Wenn man über IoT und Industrie 4.0 spricht gehört natürlich auch das Thema OPC UA (Open Platform Communication Unified Architecture) [55] und Cloud Computing als standortübergreifende und standardisierte Netzwerk- und Kommunikationstopologie dazu.

Die Grundvoraussetzung für OPC UA ist, dass es eine auf dem Internet-Protokoll basierende Architektur hat! Wer also ,Industrie 4.0 fähig' sein will, muss OPC UA fähig sein! OPC UA basiert dabei ebenso auf dem Ethernet und Internet!

7.2   OPC UA (OPC Unified Architecture)

OPC UA ist mittlerweile als vertikale und horizontale standardisierte Netzwerktopologie eines der wichtigsten Bussysteme, da es die einzelnen Ebenen der Automatisierungsebenen stringent verbindet und den direkten Zugriff für Cloud Computing ermöglicht.

Der OPC UA Protokoll-Stack zählt mittlerweile zu den modernsten Protokoll-Stack in der Automatisierungstechnik. Dabei sei noch einmal die generelle Einsetzbarkeit von OPC UA hinsichtlich des globalen Cloud Computing hervorgehoben.

7.2.1   Geschichte OPC UA

OPC UA wurde von der Open Platform Foundation (OPF) [56] als offener Standard für eine plattformunabhängige und serviceorientierte Architektur bereits im Herbst 2006 verabschiedet. Zu diesem Zeitpunkt war bereits mehrere Jahre an diesem Thema entwickelt worden und es gab einen Prototyp. Einer der grundlegenden Ideen für die Entwicklung war das IoT!

Eine Revision des Standards erfolgte im Februar 2009. Das Thema von OPC UA lautet einfach ausgedrückt: ‚Vom Feldgerät bis in die Cloud'. Die Vermarktung begann Anfang 2010.

Bei OPC UA handelt es sich einerseits um einen Datenaustausch ‚von Maschine-zu-Maschine' und andererseits von ‚SPS/SCADA/HMI/MES/ERP-zu-Maschine', demzufolge die Realisierung der gesamten IoT-Strategie.

Damit ist gemeint, dass OPC UA Maschinendaten (Mess-, Regelgrößen, Parameter usw.) transportieren und auch maschinenlesbar semantisch beschreiben kann.

Mit OPC UA schließt sich der Kreis vom IoT zu Industrie 4.0, denn der sichere Informationsaustausch zwischen Geräten, Maschinen und Diensten aus unterschiedlichen Industrien auf globaler Basis ist das Thema der beiden Programme.

Auf der OPC UA DevCon [57] wurden im Oktober 2006 die ersten Prototypen von OPC UA von der Firma ascolab GmbH [58] präsentiert:

- Unter anderem wurde die Interoperabilität zwischen einem Windows/.NET UA Client und einem Linux UA Server gezeigt.
- Die Firma Beckhoff präsentierte OPC UA auf einer Beckhoff SPS, basierend auf Windows XP embedded [5].
- Das Unternehmen EUROS Embedded Systems GmbH zeigte ebenfalls eine OPC UA Server Implementierung auf dem Echtzeitbetriebssystem EUROS.

In der Version 2009 wurden mit dem neuen Kommunikationstack OPC UA die Unabhängigkeit vom Betriebssystem Microsoft Windows realisiert, sowie gegenüber dem COM/DCOM (Component Object Model/Distributed Component Object Model) die Sicherheitsschwächen und die Nachvollziehbarkeit der Fehlerquellen sowie die bessere Bedienbarkeit erreicht.

OPC UA wurde als Normenreihe IEC 62541 [59, 60] veröffentlicht. Bisher liegen Teil 1, 2, 13 und 100 als Ed. 1.0 und Teil 3 bis 10 als Ed. 2.0 vor. Teil 12 wurde noch nicht in die IEC-Normenreihe aufgenommen. Von 2010 bis 2019 wurden 15 Teile der Norm veröffentlicht, die in [59] eingehend beschrieben sind.

7.2.2 OSI-Modell und OPC UA (IoT)

Auch OPC UA basiert gemäß Abb. 7.1 auf dem bekannten OSI-Modell [59].

OPC UA basiert auf der Ethernet-Technologie und dementsprechend liegt generell das Ethernet 2-Protokoll [5] zugrunde.

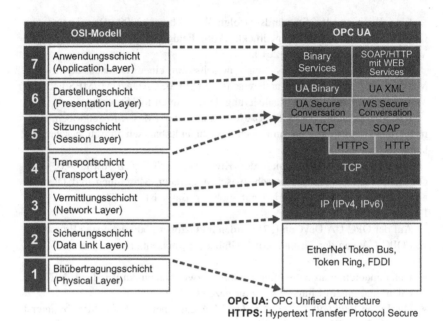

OPC UA: OPC Unified Architecture
HTTPS: Hypertext Transfer Protocol Secure

Abb. 7.1 OSI-Modell und OPC UA

Der Standard definiert zwei Arten von Codierung: OPC UA Binary and OPC UA XML

Das UA Binary Protokoll ist zwingend vorgeschrieben und hat die beste Leistung, da es fast keinen Overhead hat. Das Protokoll basiert auf TCP. Es verbraucht die wenigsten Ressourcen, da das Protokoll

- keinen XML-Parser [61]. Ein Parser ist ein Programm, das ein Dokument „durchliest", und die enthaltenen Informationen den darüberliegenden Schichten der Anwendung in irgendeiner Form zur Verfügung stellt. (XML: Extensible Markup Language (dt. Erweiterbare Auszeichnungssprache)). Z.B. verfügen alle gängigen Browser über einen integrierten XML-Parser, um auf XML zuzugreifen und es zu bearbeiten.
- kein SOAP (Simple Object Access Protocol) [62] und
- kein http notwendig benötigt.

Somit ist das Protokoll auch für embedded Anwendungen sehr gut verwendbar. OPC UA Binary [63, 64] hat eine gute Operabilität und weniger Freiheitsgrade wie XML. OPC UA Binary ist wegen seiner Effizienz das in Automatisierung am häufigsten angewendete Protokoll.

Das oben bereits genannte OPC UA SOAP (OPC UA Simple Object Access Protocol) ist ein Netzwerkprotokoll, mit dem Daten zwischen Systemen ausgetauscht werden und Remote Procedure Calls durchgeführt werden. SOAP wurde von Dave Winer und Microsoft im Jahr 1998 [65, 66] entwickelt und entsprach den Vorgaben von IoT. SOAP ist ein industrieller Standard des World Wide Web Consortiums (W3C) [67].

SOAP stützt sich zur Repräsentation von Daten auf XML und auf die Internetprotokolle IPv4 und IPv6. SOAP wird häufig in Kombination mit http und TCP angewendet.

Die OPC UA XML-SOAP-Variante [69] hat einen größeren Overhead und ist somit in der Kodierung wesentlicher langsamer. XML-SOAP kann aus. NET und Java verwendet werden. XML-SOAP ist zwar Firewall freundlich, findet aber bei kleinen, wie intelligenten Sensoren und Geräten wegen seine Komplexität wenig Akzeptanz.

Zwischen UA Binary und UA XML und SOAP liegt gemäß Abb. 7.1 die Verschlüsselung (UA Secure und WS Secure Conversation).

Weitere vertiefende Zusammenhänge und Unterschiede der Protokolle sind in der reichhaltigen Literatur nachzulesen [5].

7.3 Cloud Computing

Cloud Computing [68] ist eine IT-Infrastruktur, die über das Internet verfügbar gemacht wird. D. h. Rechnernetze werden dem Anwender zur Verfügung gestellt, ohne dass sie bei ihm auf einem lokalen Computer installiert werden müssen. Angebote und Nutzung erfolgen durch technische Schnittstellen und Protokolle, wie z. B. beim OPC UA, die Webdienste über HTTP/SOAP/UA XML.

Die Cloud umfasst dabei Applikationen, Plattformen und Infrastruktur (z. B. Datenbanken und Speichermedien usw.).

Remote Service und Wartung spielen im Cloud Computing eine wichtige Rolle im Rahmen der prädiktiven Wartung der Anlagen und Maschinen (Assetmanagement).

Die Cloud wurde, basierend auf der Grundlage von IoT von der NIST (National Institute for Standards and Technology) [69] im Jahr 2011 definiert und veröffentlicht. Dieses Modell fand hohe Akzeptanz. Doch bereits 1990 gab es die ersten Ansätze für diese Technologien. 1995 stellte das Fraunhofer Institut das BSCW ‚Basic Support for Cooperative Work' (deutsch: „grundlegende Unterstützung für Zusammenarbeit") [70] vor, welches man heute als Cloud bezeichnen würde.

Cloud Computing wurde bereits ab 2004 durch die typischen Internetfirmen Amazon, Google und Yahoo vorangetrieben und geprägt. Das Geschäftsmodell von diesen Firmen war, Rechenleistungen und Speicher den Anwendern virtuell zur Verfügung zu stellen, um schwankende Spitzenlasten abzufangen.

Mit Zunahme der Übertragungsgeschwindigkeiten wuchs auch das Cloud Computing extrem an. Heute merkt der Anwender beispielsweise nicht mehr, wo individuelle Anforderungen tatsächlich lokal oder in der Cloud berechnet und gespeichert werden. Die Architektur der Cloud ist ähnlich einem Computer: Es gibt Prozessorkerne, Arbeitsspeicher, eine Festplatte und Programme. Bei der Cloud ist die immense Skalierbarkeit der Unterschied zum lokalen Computer oder Server. Die Kapazitäten sind nahezu unbegrenzt.

Die Vorteile von Cloud Computing sind große Kosteneinsparungen gegenüber den lokalen Systemen (Software und Hardware) und den skalierbaren Anwendungen bei z. B. Spitzenlasten.

Es gibt beim Cloud Computing drei unterschiedliche Servicemodelle [71, 72]:

- Software as a Service: SaaS- Software Sammlungen und Anwenderprogramme.
- Platform as a Service: PaaS- Programmierungs- und Laufzeitumgebungen
- Infrastructure as a Service; IaaS- Nutzung von Computerhardwareressourcen, Rechner, Speicher.

Man unterscheidet Public Cloud (für die Öffentlichkeit), Private Cloud (für eine Firma) und Hybrid Cloud (kombinierter Zugang zu virtuellen Infrastrukturen). Weitere Unterscheidungen sind gegeben mit Community Cloud, Virtuell private Cloud und Multi Cloud.

Die NIST bietet folgende wesentliche Arten für Cloud Computing:

- On-demand self-service: Leistungen aus der Cloud stehen bedarfsweise zur Verfügung.
- Broad network access: Cloudleistungen werden über Standards erreicht.
- Ressource pooling: Teilung von Rechenleistung, Speicher und Netzwerk.
- Rapid elasticity: Automatisierte Anpassungen an Lastveränderungen.
- Measured Service: Überwachte und messbare Ressourcenmessung für z. B. Rechnungen.

Cloud Computing in Zusammenhang mit OPC UA wird heute beispielsweise in der Flugzeugindustrie oder Automobilbranche genutzt: D. h. einzelne Komponenten des Flugzeuges werden an unterschiedlichen Orten entwickelt und produziert. Es kann durchaus der Fall sein, dass der Rumpf von Deutschland, die Flügel aber aus USA oder Frankreich kommen. Dabei muss sichergestellt sein, dass die Teile bei der Endmontage zusammenpassen.

Mit Cloud Computing kann sichergestellt werden, dass in 3-D Modellen online ein Abgleich mit Konstruktionsplänen erfolgt. D. h. das dreidimensionale Abbild des Flugzeugs ist in allen Einzelteilen jederzeit und an jedem Ort der Welt zugänglich. Jeder Standort im Verbund kann die synchronisierten Daten abrufen und weiterverarbeiten. Jede Veränderung der Komponenten am Standort A ist in Echtzeit am Standort B verfügbar und umgekehrt.

So gut, wie das Alles klingen mag, muss dennoch bedacht werden, dass der größte Nachteil und die höchsten Risiken von Cloud Computing in der Absicherung gegen Zugriffe und Hacking bei der Kommunikation zwischen lokalen Kunden und entfernten Servern liegen. Wir hören fast wöchentlich darüber in den Medien. Hierfür werden aktuell immense Summen für Softwarenentwicklungen investiert.

7.4 Vernetzungstopologie von OPC UA und Cloud Computing

Abb. 7.2 vermittelt einen Eindruck, wie OPC UA bezüglich der Automatisierungspyramide in der Kommunikation eingesetzt werden kann. Grundsätzlich sind vom ERP bis zur Steuerungsebene (SPS oder PLC) alle Systeme über OPC UA vernetzbar und können miteinander kommunizieren.

OPC UA ist mittlerweile der internationale Standard für vertikale und horizontale Kommunikation in der Automatisierungspyramide innerhalb einer Ebene (von Maschine zu Maschine) aber auch über alle Ebenen (von der Maschine in den Kontrollraum) der Automatisierungspyramide. Dabei ist die OPC UA Architektur insbesondere auch für die globale Kommunikation zwischen Fabriken und Unternehmen via Cloud Computing geeignet.

OPC UA wird häufiger auch als Industrie 4.0 bezeichnet, was den Sachverhalt aber wiederum nur teilweise trifft [5]. Zweifelsohne ist das Protokoll OPC UA einer der bedeutendsten Fortschritte in der Vernetzungstopologie und gewinnt in Verbindung mit Cloud Computing zunehmend an Bedeutung.

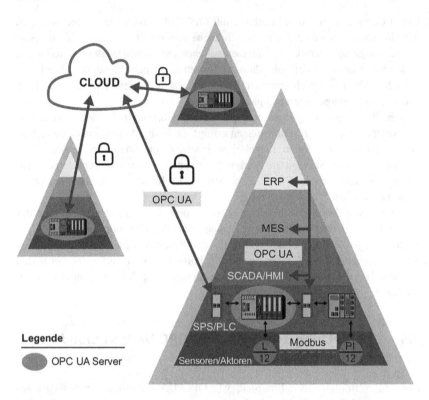

Abb. 7.2 OPC UA im Bezug zur Automatisierungspyramide und Cloud Computing zwischen verschiedenen Standorten

7.5   Zusammenfassung OPC UA und Cloud Computing

OPC-UA gilt derzeit als internationaler Standard für vertikale und horizontale Kommunikation und ermöglicht somit semantische Interoperabilität in Automatisierungspyramide sowohl innerhalb einer Produktionsanlage aber auch im Zusammenspiel globaler Produktionsanlagen [73]. Auf Neudeutsch spricht man auch von ,Cyber Physical Systems' [74]. Dabei handelt es sich einfach ausgedrückt um die Verbindung von mechanischen Komponenten über Netzwerke und moderne Informationstechnik. Sie ermöglichen die Steuerung und die Kontrolle von komplexen Systemen und Infrastrukturen. Dies ist auch ein grundlegender Aspekt von Industrie 4.0 im Zusammenhang mit IoT.

Im Wesentlichen handelt es sich bei allen OPC Standardisierungen verein-
facht ausgedrückt um internetfähige standardisierte Kommunikationsprotokolle,
die dazu dienen, um Echtzeitdaten von den SPS (PLC)-Einheiten auf HMI
(Human Machine Interfaces), SCADA-Systemen und MES/ERP-Systemen zu
transportieren und darzustellen. Dies gilt für einzelne Prozesse und Fabriken
genauso wie für global verteilte Standorte, die über Cloud Computing verbunden
sind.

OPC UA ist heute unabhängig von Betriebssystemen, was der große Fortschritt
in der Industrie war. Offenen Protokollen sowie Software- und Systemarchitektu-
ren gehören sicherlich die Zukunft.

Der Trend der Hersteller, von der Entwicklung von unterschiedlichsten Gateways zur Anpassung der vielen Bussysteme, geht immer mehr in Richtung
von herstellerunabhängiger Standardisierung. OPC UA steht stellvertretend als
markantes Beispiel für diesen Trend.

Trotz aller Möglichkeiten muss insbesondere beim Cloud Computing das
Sicherheitsrisiko durch Hackerangriffe erwähnt werden, die ein zunehmendes
Problem darstellen:

Für Verschlüsselungsverfahren werden und müssen immer größere Summen
an Geld investiert werden. Zum Teil helfen zwar die zunehmend besser wer-
denden Codierungs- und Verschlüsselungsverfahren, wie beispielsweise die TLS
-Verschlüsselung (Transport Layer Security) aber die hundertprozentige Sicherheit gibt es nicht: Je mehr Cloud Computing eingesetzt wird, desto mehr Aufwand
ist zukünftig auch in die Sicherheitssoftware zu investieren!

Beispiel für eine typische IoT Netzwerktopologie via Cloud mit OPC UA für die Solarzellenherstellung

Im Folgenden wird ein Beispiel in der Solarindustrie aufgezeigt, welches die Vernetzungstopologie mit OPC UA vom Feld ins MES hat. Diese Art der Kommunikation ist heute typisch für chinesische Solrzellenfertigungen.

8.1 CIGS- Solarzelle – Aufbau

Die CIGS, [Cu(In,Ga)Se$_2$]-Solarzelle [75] ist ein spezieller Typ einer Solarzelle, deren Absorber aus dem Werkstoff Copper-Indium-Gallium-Diselenid (CIGS) besteht. CIGS-Solarzellen besitzen im Gegensatz zu kristallinen Silizium-Solarzellen einen Absorber, der einen höheren Absorptionskoeffizienten hat und Licht wesentlich besser absorbiert.

CIGS-Absorber, die in Dünnschichttechnologie gefertigt werden, sind je nach Hersteller nur 1 μm – 2,5 μm dick. In Dickschichttechnologie gefertigt sind die CIGS-Absorber bis ca. 150 μm dick.

Dickschicht-Solarzellen auf Siliziumbasis sind mindestens 150 μm dick sind. Die Dünnschichttechnologie ermöglicht, deutlich weniger Halbleitermaterial zu verwenden und somit Kosten einzusparen. Abb. 8.1 zeigt den prinzipiellen Aufbau einer CIGS-Solarzelle mit den entsprechenden Schichtdicken.

Die Grafik zeigt einen schematischen Querschnitt einer Cu(In,Ga)Se$_2$-Solarzelle mit den entsprechenden Schichtdicken. Bisher wird meist noch Glas als Substrat verwendet. Das Substrat wird mit Molybdän (Mo) beschichtet, das als Rückkontakt dient. Der namensgebende Halbleiter Cu(In,Ga)Se$_2$ wird auch als Absorber bezeichnet, da hier ein Großteil des eingestrahlten Lichts aufgenommen wird.

Die Wirkungsgrade von CIGS Zellen sind heute im Bereich 20 bis 24 %.

W. Babel, *Internet of Things und Industrie 4.0*, essentials plus online course, https://doi.org/10.1007/978-3-658-39901-6_8

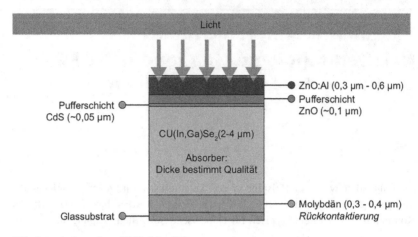

Abb. 8.1 Aufbau einer CIGS Solarzelle

Das Problem bei der Herstellung ist, dass der Rohstoff Indium relativ knapp ist und dieser auch bei anderen Produkten, z. B. Flachbildschirmen verwendet wird. Außerdem ist die Entsorgung bei CIGS Zellen aufwendiger als bei kristallinen Solarzellen, da das Materialgemisch toxisch ist.

8.2 Herstellungsprozess von CIGS-Solarpanels

Abb. 8.2 zeigt den aufwendigen Herstellungsprozess der CIGS -Solarzelle.

Die Fertigung beginnt mit der Glasreinigung.

Im zweiten Produktionsschritt folgt das Spattern der Molybdänschicht für die Rückkontaktierung.

Danach erfolgt die Strukturlaserung. Anschließend wird das Panel gereinigt.

Als nächstes erfolgt der wichtigste Produktionsschritt, das Erzeugen des CIGS-Absorbers, der **Kupfer-Indium-Gallium (Di)Selenid Schicht.** Dabei erfolgt zunächst das Spattern der Kupfer-Gallium Indium Schicht, gefolgt von der Aktivierung der (Di)Selinid-Beschichtung durch Hochtemperatur. Die Temperaturen bei der Erzeugung der Absorberschicht betragen bis zu 800 Grad Celsius. Es folgt die Aufbringung Cadmium-Sulfid-Puffer-Schicht durch eine Badabscheidung.

Eine weitere strukturgebende Laserung erfolgt nach dem Aufbringen der Kupfer-Indium-Gallium (Di) Selenid und Cadmium-(Di)Sulfid Schicht.

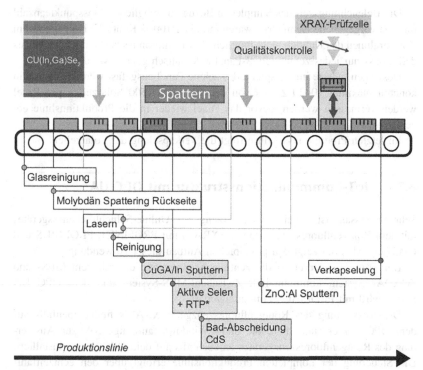

*RTP: (Rapid Thermal Processing oder 'schnelle thermische Bearbeitung')
bezeichnet die Bearbeitung von Wafern in einem Hochtemperaturprozess durch schnelle
Erhitzung der Wafer mit Halogenlampen

Abb. 8.2   Solarzellenfertigung mit Röntgenfluoreszenz-Qualitätsprüfung

Als nächster Produktionsschritt erfolgt das Spattern der transparenten leitfähigen aluminiumdotierten Zinkoxidschicht, gefolgt von einer weiteren strukturgebenden Laserbearbeitung.

Der vorletzte Produktionsschritt ist automatisierte Qualitätsprüfung mittels Röntgenfluoreszenzmesstechnik für die einzelnen Schichtdicken, insbesondere der Absorberschicht. Die Messung kann aufgrund der Bandgeschwindigkeiten zur notwendigen Beleuchtungszeit der Samples (Strukturauflösung!) und der Zellenanzahl pro Panel heute noch nicht 100 % inline durchgeführt werden.

Bei der System-Auslegung der geplanten ,Inline'-Messung, war die Bandgeschwindigkeit bezüglich der Messanforderungen des Kunden zu optimieren:

Die Beleuchtungszeit des Samples in Bezug zur möglichen Messpunkteanzahl für eine vorgegebene Geometrie, waren mit einer 100 % Kontrolle bei gegebenem Kostenrahmen des Kunden nicht möglich. Der Kompromiss bestand letzten Endes darin, dass nur jedes zehnte CIGS-Panel automatisch geprüft werden konnte. Deswegen musste im Beispiel jedes zehnte Panel ausgefast werden. Weiterhin konnten maximal 10–20 Zellen von den ca. 1000–1500 Solarzellen pro Panel werden vermessen werden, bevor das Panel wieder in die Produktionslinie ein gefast wird.

Im letzten Produktionsschritt erfolgt die Verkapselung der Solarzellen.

8.3   IoT-Kommunikationsstruktur mit OPC UA

Sehr interessant ist dabei die Vernetzung des Online-Schichtdickenessgerätes mit dem Röntgenfluoreszenzverfahren (XRAY) mit PROFINET, PROFIBUS und OPC UA. Abb. 8.3 zeigt den prinzipiellen Aufbau dieser Anwendung:

Der OPC UA Server ist die zentrale Komponente, die mit dem MES- und SCADA- System kommuniziert. Zwischen MES-System und dem OPC UA Server wird mit PROFIBUS kommuniziert.

Die Auswertung des Röntgenfluoreszenzgerät XRAY's findet ebenfalls auf dem OPC Server statt, d. h. die unter Windows lauffähige SW zur Auswertung des Röntgenfluoreszenzgerätes ist ebenfalls auf dem OPC Server installiert. Die Steuerung der kompletten Produktionslinie erfolgt über den echtzeitfähigen Bus ‚PROFINET'/‚PROFIdrive'. PROFINET regelt auch das Ausphasen der Panels in das Modul ‚XRAY- Qualitätsprüfung' (XRAY Kabinett). Übergeordnet kommuniziert das MES-System mit dem ERP-System über Ethernet.

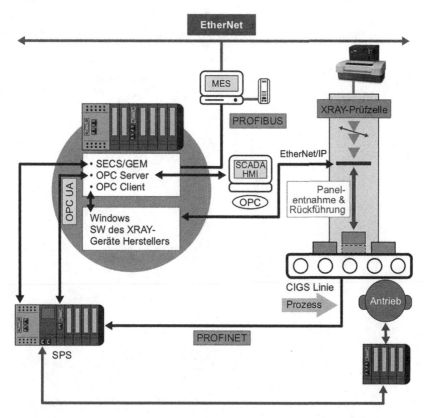

Abb. 8.3 Solarzellenfertigung mit Vernetzungstopologien OPC UA, PROFINET und Röntgenfluoreszenzgerät XRAY FT 150. (Quelle © images courtesy of Hitachi High-Tech Corporation)

Beispiel einer Kommunikationsvernetzung für Lack schichtdicken-Messung im Automotive

9

Wo Automatisierungen vorgenommen werden, darf der Roboter natürlich nicht fehlen: Das gilt ebenso oder erst recht für die Automobilindustrie, in der die ersten Industrieroboter zum Einsatz kamen. Heute sind die Roboter mit Fertigungsbändern gekoppelt und kommunizieren mit den SPS und SCADA (Supervisory Control And Data Acquisition) Systemen im Sinne von IoT. Roboter werden im Karosseriebau, in der Lackierung, beim Punktschweißen, beim Montieren, bei der Assemblage der Windschutzscheibe und des Armaturenbrettes und bei vielen anderen Tätigkeiten eingesetzt. Die Roboter sind heute in den Fertigungsstraßen beispielsweise mit PROFINET (SIMATIC S. 7) und OPC UA bezüglich der Kommunikationstopologie vernetzt. Bei fast allen Autoherstellern kann man sich heute ein Bild über den Stand der Automatisierung machen. Daimler, Porsche, VW, Audi, BMW sind Fertigungen, die mich allesamt faszinierten. Alle diese Fertigungen weisen eine beispielhafte Durchgängigkeit in der Automatisierung auf wie kaum irgendwo in anderen Industrien zu sehen ist.

Näheres zu der Geschichte der Roboter kann ausführlich in [5] nachvollzogen werden.

In diesem Kapitel wird gezeigt, wie automatisierte Autolackierungen mit Robotern heute im Forschungsfokus stehen.

9.1 Fahrzeuglackierungen

Beim Automobilbau sind Korrosionsschutz und Farbgebung beim Lackieren entscheidende Faktoren, die während der laufenden Fertigung online zu kontrollieren sind.

Abb. 9.1 zeigt die verschiedenen Lackierungsschichten, die während einer Fahrzeuglackierung auf die Karosserie aufgetragen werden.

© Der/die Autor(en), exklusiv lizenziert an Springer Fachmedien Wiesbaden GmbH, ein Teil von Springer Nature 2023
W. Babel, *Internet of Things und Industrie 4.0*, essentials plus online course, https://doi.org/10.1007/978-3-658-39901-6_9

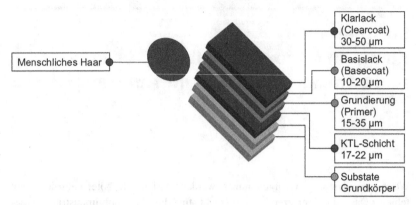

KTL: Kathodische Tauchlackierung elektrophoretische Abscheidung: Kolloidale Partikel werden unter dem Einfluss eines elektrischen Feldes auf der Elektrode abgeschieden (Auto)

Abb. 9.1 Lackierschichten bei der Autolackierung

Die Lackierung eines Fahrzeuges ist in der Regel mindestens 4-schichtig. Man tendiert mittlerweile bei einigen Autofirmen bis zu 6-schichtigen Lackierschichten. Die Schichtdicken der Lacke müssen genau kontrolliert werden, um dem Fahrzeug ein homogenes farbliches Aussehen zu verleihen. Aber auch die Kriterien für den Korrosionsschutz sind strikt einzuhalten.

Diese Qualitätsuntersuchungen reichen heute von taktiler Messtechnik mit magnetisch induktiven Verfahren (bis ca. 100 Hz) und Wirbelstromverfahren (ab ca. 100 Hz ca. 16 MHz) [76, 77] bishin zum Ultraschall.

9.2   Problem von Kunststoff-Karosserien für die Materialanalyse – Lösung mit Terahertz

Eines der großen auf uns zukommenden Probleme in der Schichtdickenmessung und Materialanalyse von Lacken auf Automobilen ist, dass zukünftig die Fahrzeugkarosserien zunehmend aus Kunststoffteilen hergestellt werden, wo man mit den oben genannten taktilen Sensoren (Wirbelstromverfahren und magnetisch induktive Verfahren) nicht messen kann. Denn wie gesagt, die elektromagnetischen Prinzipien wie die magnetisch induktive Messung (bis 100 Hz Messfrequenz) oder das Wirbelstromverfahren (bis 16 MHz Messfrequenz) benötigen zur Bestimmung der Lackschichtdicke als Grundmaterial Eisen/Stahl oder elektrisch leitendes Nichteisenmaterial wie Kupfer, Aluminium, Zink, Nickel, Blei, Magnesium (Gold und Silber). Außerdem handelt es sich bei diesen Messung um taktile (berührende) Messtechnik. Weiterhingenügtes heute zunehmend in vielen Bereichen nicht mehr nur die Gesamtschichtdicke einer mehrschichtigen Lackierung zu erfassen, sondern es werden insbesondere im Bereich Automotive und Flugzeugbau die Dicken der Einzelschichten der Lackierung vom Kunden gefordert.

Darauf müssen sich die Hersteller von Messtechnik für die Bereiche Automotive und Flugzeugbau bereits heute zunehmend einstellen: Stoßstangen, Kotflügel, Armaturen werden bei renommierten Automobilfirmen weltweit bereits aus Kunststoffen hergestellt.

Seit ca. 5–8 Jahren evaluieren die Automobilindustrie zusammen mit Messtechnikherstellern alternative Technologien zur Vermessung von Metallen und Lacken auf Kunststoffträgern. Eine dieser Technologien ist die Terahertz-Technik. Auch optische Inlineverfahren in den Lackierstraßen werden mittlerweile evaluiert während der Nassphase der Lackierung.

Die Terahertz-Technologie ist eine zerstörungsfreie und berührungslose Messtechnik und misst Beschichtungen auf Metall- *und* Kunststoffkarosserieteilen. Die Terahertz-Messtechnik basiert auf elektromagnetischen Wellen deren Frequenzen zwischen Mikrowelle und Infrarot angesiedelt sind. Dadurch besitzen die Terahertz-Wellen eine ausreichende Eindringung in elektrisch nichtleitende Materialen bei gleichzeitiger akzeptabler Ortsauflösung. Im Gegensatz zur Röntgentechnologie (XRAY) sind beim Einsatz der Terahertz-Technik keinen besonderen Strahlenschutz-Maßnahmen notwendig.

Sehr prominente Anwendungen der Terahertz-Messtechnik sind beispielsweise die Personenscanner am Flughafen (z. B. R&S®QPS Quick von ROHDE & SCHWARZ GmbH & Co. KG) und die Briefscanner zur Detektion von Sprengstoffen und Drogen (T-COGNITION® von HÜBNER GmbH & Co. KG).

Prinzip und Einlernverfahren von Mustern
Das Messprinzip basiert auf einer Laufzeitmessung und ist in Abb. 9.2 dargestellt: Ein Terahertz-Puls trifft auf eine Grenzfläche, an der er zum Teil reflektiert wird und zum Teil weiter in das Material eindringt. Trifft letzterer auf eine weitere Grenzfläche so wiederholt sich der Vorgang. Die Signalstärke und die Laufzeit des reflektierten Anteils sind abhängig vom Kontrast der angrenzenden Materialien. Genauer gesagt, sind sie Abhängig von der Änderung der jeweiligen Brechungsindices und Extinktionskoeffizienten.

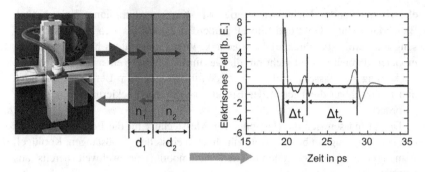

Abb. 9.2 Berührungslose Messung der Lackierschichten auf Kunststoff oder Metall mit Tera hertz. (Quelle Fraunhofer ITWM ©)

Gemessen wird ein Zeitsignal, dass alle reflektierten Anteile der einzelnen Grenzschichten, wie in Abb. 9.2 zu sehen ist. Dieses Zeitsignal enthält die gewünschten Laufzeitinformationen und Materialeigenschaften.

Je nach zeitlichem Abstand der reflektierten Signale werden unterschiedliche Auswertetechniken angewendet, wobei die Übergänge von dem einen zum anderen Auswerteverfahren fließend sind.

Da die Fahrzeugschichten gemäß Abb. 9.2 bis 50 µm sind wendet man hier am häufigsten die Retrieval-Methode an [5].

Innerhalb des Retrieval-Verfahrens geht es um ein Wahrscheinlichkeits-Modell, in dem man im Vektorraummodell versucht, über das Relevanz-Feedback-Modell ein gemessenes Muster einem in der Datenbasis eingelernten Muster möglichst nahe zu kommen. Im Prinzip kann man bei dieser Art der Verarbeitung von einer Suchmaschine oder einem ‚Expertensystem' sprechen, das im Sinne des minimalen Fehlerquadrates das Muster dem eingelernten System zuordnet. Expertensysteme und deren Wirkungsweise sind eingehend in [5] beschrieben.

Wie man erahnen kann, ist die Auswertung solcher Terahertz-Signale in der Automobilbranche sehr aufwendig. Es müssen alle unterschiedlichen Farben und Lacke bezüglich zugehöriger und unterschiedlicher Schichtdicken eingelernt werden.

Für die Modellbildung eines Teraherz-Sensors spielen die beiden Parameter Extinktionskoeffizient e [78] und Refraktionsindex n [79] des Materials die entscheidende Rolle. Beide Materialparameter müssen in intensiven Laboranwendungen für die unterschiedlichen Farben und Lacke bezüglich Farbe und Dicke ermittelt und Schritt für Schritt in einer Datenbank abgespeichert werden.

Es ist offenkundig, wie umfangreich der Prozess der automatischen Erkennung wird, da jedes Automobilunternehmen zum Teil hunderte von Farben dem Kunden zur Auswahl anbietet: Jede dieser Beschichtungen muss vor dem Einsatz in der Produktionsstraße dem Terahertz-System genau eingelernt werden.

9.3   Automatisierung der Automobillackierung

Heute werden mit Terahertz-Systemen bereits bei einigen Fahrzeugherstellern weltweit intensive Versuche zur Automatisierung wie in Abb. 9.3 gefahren dargestellt. Am Roboter ist der Terahertz-Messkopf befestigt, der μm-genau die definierten Positionen auf der Karosserie anfährt und misst.

Entscheidend ist jedoch die Erstellung der Datenbasis. Diese muss für alle zu prüfenden Lacke und Dicken durch viele Messungen aufgebaut werden. Erst wenn der Refraktionsindex und der Extinktionskoeffizient und die zugehörigen Modellparameter für alle in der Linie zu vermessenden Lackierungen bestimmt ist, können die Parameter in das SCADA-System geladen werden und stehen der Online-Prüfung in der Produktionsstraße zur Verfügung.

© Dr. Jonuscheit, Fraunhofer ITWM

Abb. 9.3 Terahertz-System Berührungslose Messung – am Roboter befestigt der Mehrfach-Lackierschichten auf Kunststoff. (Quelle Fraunhofer ITWM ©)

Auch hier finden sich in der Automatisierung die wesentlichen Merkmale von IoT: Jeder Roboter und Automat kommuniziert mit dem anderen und mit den übergeordneten Netzwerktopologien: Vom Feld bis hin zum ERP lautet die Devise.

Wird beispielsweise ein Fahrzeug mit einer bestimmten Lackierung per Ordercode im ERP-System (z.b. SAP-System) vom Kunden beauftragt, werden die zugehörigen Terahertz-Parameter aus der Datenbasis des SCADA/MES-System (Manufacturing Execution System) automatisch über das Bussystem in die Roboter geladen. Diese vermessen dann entsprechende durchlaufende in der Produktion befindliche Automobile per definierten vorgegebenen Musterschablonen.

Die Roboter und das Fertigungsband werden mit intelligenten Sensoren, überwacht ebenso wie die Karosserieteile und deren Qualitätsmerkmale. Alle Komponenten sprechen miteinander und liefern ihre Daten an die SPS und in den Kontrollraum inklusive der Fehlerstatistiken. Fertigungsstandorte tauschen über die Cloud systematische ihre Daten aus und beeinflussen die Prozessüberwachung synchron. Aufgrund der Komplexität der Vermessung kann heute noch nicht mit einem Terahertz-System jedes Fahrzeug in der Produktionslinie vermessen werden.

Deshalb werden aus der laufenden Produktion Fahrzeuge vollautomatisch, so wie in Abb. 9.4 dargestellt, in eine Messzelle (Messkäfig) ausgeschleust und dort mit den mehreren Terahertz-Systemen (mindestens 2 Roboter) vermessen. Anschließend werden sie wieder in die laufende Produktion eingeschleust. Dieses Beispiel kennt man auch in der Automobilassemblage, bei dem die Türen für die Innenraumassemblage ausgebaut werden und automatisch wieder positionsgerecht zum zugehörigen Fahrzeug eingefast werden, wenn die Innenraumassemblage beendet ist.

Es bleibt noch zu erwähnen, dass bei Terahertz-Anwendungen eng mit den Lackherstellern zusammengearbeitet werden muss, da einzelne Farben für das Terahertz-System unter Umständen nicht transparent sind. Nur durch Zumischung von Ingredienzien (Zusatzstoffe) werden z. T. die Farben für Terahertz transparent. Dieses Vorgehen zwischen Messtechnik-, Lack- und Automobilherstellern zeigt momentan gute Fortschritte.

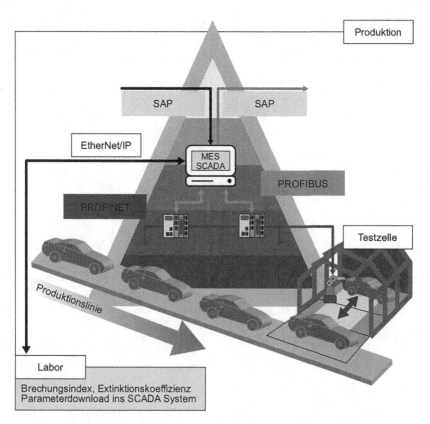

Abb. 9.4 Terahertz-System: ‚im Labor'- Automatisierte Fertigung und Qualitätskontrolle mit Terahertz- System in der Autmobilfertigung. Vernetzte Fabrik in der Struktur von IoT

Zusammenfassung 10

Wir haben in diesem Kurs die Geschichte und Entwicklung von IoT und die Zusammenhänge von IoT in der Automatisierung, angefangen von der Entwicklung des Ethernet, dem Internet bis hin zur Industrie 4.0 betrachtet. IoT ist der Begriff für totale Vernetzung von Maschinen, Roboter und Sensoren und deren Unterstützung vom Menschen.

IoT kann also nie losgelöst betrachtet werden, sondern ist immer im Zusammenhang mit einer Gesamtnetzwerktopologie mit vertikaler und horizontaler Kommunikation zu sehen.

Dabei stehen Intelligente Sensoren geschichtlich, eng mit dem RFID (Radio Frequency Identification) in Zusammenhang. IoT hat parallel zur Automatisierung eine ebenso lange Geschichte und spannt den Bogen von den ersten speicherprogrammierbaren Steuerungen bis hin zu Industrie 4.0

Denn wer Industrie 4.0 sagt meint auch IoT (Internet of Things). Wer heute IoT fähig sein will, muss Internetfähig sein!

Das IoT, das 1999 von Kevin Ashton publiziert wurde, hatte zu Beginn des Internetzeitalters die grundlegende Idee für die globale Kommunikation von intelligenten Sensoren, Maschinen, Roboter und Produktionsanlagen als Hauptkommunikation das Internet zu nutzen.

Insofern realisiert auch das Cloud Computing und OPC UA schnittstellenkonforme vertikale und horizontale Kommunikationstopologien sowohl innerhalb eines Kommunikationslevel der Automatisierungspyramide wie auch über die unterschiedlichen Ebenen der Automatisierungspyramide hinweg. Dabei wird global über das Cloudcomputing die standardisierte Kommunikation an verschiedenen Standorten beibehalten.

Der *essential* zeigt die geschichtliche Entwicklung von IoT, welches laut Definition von Kevin Ashton in 1999 intelligente Sensoren und Maschinen mit Kommunikationsstrukturen vernetzt, die auf dem Internet basieren.

W. Babel, *Internet of Things und Industrie 4.0*, essentials plus online course, https://doi.org/10.1007/978-3-658-39901-6_10

In diesem Zusammenhang werden auch die Feldbusse aufgeführt, die wesentlich für IoT Strukturen in den verschiedenen Ebenen der total vernetzten Fabrik sind. Insbesondere wird dabei das OSI Modell als unterste Struktur von IoT besprochen und OPC UA als Beispiel aufgezeigt, wie die einzelnen Schichten des Open System Interconnection Modells für OPC UA strukturiert sind. OPC UA basiert dabei auf Ethernet und hat das IP-Protokoll als Basis. OPC UA und Cloudcomputing runden dabei IoT in nahezu perfekter Form ab.

Wie IoT heute angewendet wird und welche Charakteristika es aufweist wird am Beispiel einer Solarzellenproduktion und der Qualitätsprüfung einer automatischen Lackierstraße in der Automobilbranche gezeigt.

Es wird ersichtlich wird, dass IoT eigentlich nichts ,Weltbewegendes' Neues ist, sondern die Fortschreibung einer Ingenieurwissenschaft im Rahmen von Informatik, Elektrotechnik und Mechatronik und den damit zusammenhängenden modernen Netzwerktopologien und Kommunikationsstrukturen sowie der Entwicklung von intelligenter Sensorik, welche seit mehr als 50 Jahren aktuell ist.

Ich hoffe, dass ich Ihnen mit diesem *essential* einige Blickrichtungen bezüglich IoT vermitteln konnte und Sie in der Lage versetzen konnte, zukünftig dieses Thema richtig einordnen zu können und Sie entsprechend Fachdiskussionen führen können!

Ich wünsche Ihnen weiterhin viel Erfolg im Beruflichen wie auch im privaten Umfeld.

Was Sie aus diesem *essential* mitnehmen können

- Sie können die Geschichte und die Entwicklung von IoT (Internet of Things) von den Anfängen bis heute umfassend erfahren.
- Vor allem geht es um die Grundideen von IoT im Zusammenhang mit RFID (Radio Frequency Identification). Ebenso lernen Sie die Zusammenhänge der Automatisierungspyramide und dem OSI-Modell (Open System Interconnection Modell), die eine wesentliche Basis für die Definition von IoT waren.
- Sie haben Einblick in die Gesamtstrategie von IoT das seine Wurzeln auf RFID, dem OSI-Modell und der Automatisierungspyramide hat.
- Sie bekommen einen Einblick in die für IoT gängigen Feldbusse und Bussysteme für horizontale Kommunikation und vertikale Kommunikation, die Internetfähig sind.
- Ebenso erfahren Sie, wie IoT zum damaligem Zeitpunkt eine Vision war, die aber schon aus konkreten Bausteinen bestand, und sich bis heute zum OPC UA (Open Platform Communication Unified Architecture) und Cloud Computing weiterentwickelt hat.
- Sie erfahren auch, dass die wesentlichen Zusammenhänge von IoT und Industrie unter Einbezug des Internet nicht mehr trennbar sind: Wer IoT sagt meint Industrie 4.0 und wer Industrie 4.0 sagt muss Internetfähig sein!

Literatur

1. H.-J.Bullinger, M.ten Hompel (Hrsg.): Internet der Dinge. Springer, Berlin 2007
2. C.Engemann, F.Sprenger: Internet der Dinge: Über smarte Objekte, intelligente Umgebungen und technische Durchdringung der Welt.Transcript. Bielefeld 2015, ISBN 978-3-8376-3046-6
3. Oracle: https://www.oracle.com/de/internet-of-things/what-is-iot/Was versteht man unter „Internet der Dinge" (IoT)? | Oracle Deutschland; letzter Zugriff 12.1.2022
4. Autor: Michael Kroker: Die Geschichte des Internet of Things vom Programmable Logic Controller 1968 bis heute; 16. Februar 2018; https://blog.wiwo.de/look-at-it/2018/02/16/die-geschichte-des-internet-of-things-vom-programmable-logic-controller-1968-bis-heute/; letzter Zugriff 22.6.22
5. Wolfgang Babel: Industrie 4.0, China 2025, IoT; Springer Vieweg Verlag, ISBN 978-3-658-34717-8; ISBN 978-3-658-34717-5 (ebook); 2021
6. Digital Pioneers: Radio Frequency Identification Internet der Dinge. https://t3n.de/magazin/internet-dinge-radio-frequency-identification-rfid-219434/2/; letzter Zugriff 6.7.2022
7. Tommy Weber: RFIDGRUNDLAGEN, Das RFID Informationsportal https://www.rfid-grundlagen.de/; letzter Zugriff 18.7.2022
8. M. Handley: Why the Internet only just works (PDF; 205 kB) BT Technology Journal, Vol 24, No 3, July 2006
9. AIM Global: Shrouds of Time – The History of RFID oder Shrouds of Time – The History of RFID (Memento vom 8. Juli 2009 im Internet Archive)
10. Harvey Lehpamer: *RFID Design Principles, Second Edition*. 2nd ed. Artech House, Boston 2012, ISBN 978-1-60807-470-9, S. 363
11. *RFID tag sales in 2005 – how many and where*. IDTechEx, 21. Dezember 2005
12. H.Kagermann, W.-D. Lukas, W.Wahlster; Industrie 4.0: Mit dem Internet der Dinge auf dem Weg zur 4. industriellen Revolution. In: VDI Nachrichten, April 2011
13. BMBF/Forschung: Industrie 4.0; https://www.bmbf.de/de/zukunftsprojekt-industrie-4-0-848.html/; letzter Zugriff 8.7.2022
14. Sendler Ulrich (2016): Industrie 4.0 grenzenlos; Berlin, Heidelberg: Springer Berlin Heidelberg
15. Digital Pioneers: Radio Frequency Identification Internet der Dinge. https://t3n.de/magazin/internet-dinge-radio-frequency-identification-rfid-219434/2/; letzter Zugriff 18.7.2022

W. Babel, *Internet of Things und Industrie 4.0*, essentials plus online course, https://doi.org/10.1007/978-3-658-39901-6

16. Kunbus GmbH: Automatisierungspyramide. https://www.kunbus.de/automatisierung spyramide.html
17. IEC 62264-5 Ed. 1.0 EN:2020. Enterprise-Control System Integration-PART 6. https:// www.techstreet.com/searches/20817238?searchText=%22IEC+62264-5%22; letzter Zugriff 6.12.2021
18. IEC 62264-1: Enterprise-control system integration – Part 1: Models and terminology (Memento vom 15. Februar 2010 im Internet Archive) (PDF 317 kB)
19. IEC 62264-2: Enterprise-control system integration – Part 2: Object model attributes (MementoMemento vom 14. Juni 2011 im Internet Archive) (PDF 357 kB)
20. IEC 62264-3: Enterprise-control system integration – Part 3: Activity models of manufacturing operations management (Memento vom 14. Juni 2011 im Internet Archive) (PDF 329 kB)
21. ISA International Society of Automation: ISA95, Enterprise-Control System Integration. https://www.isa.org/standards-and-publications/isa-standards/isa-standards-com mittees/isa95; letzter Zugriff 15.4.2022
22. COPADATA: Was ist SCADA? https://www.copadata.com/de/produkt/zenon-sof tware-platform-fuer-industrie-energieautomatisierung/visualisierung-steuerung/was-ist-scada/; letzter Zugriff 15.4.2022
23. Joachim Schairer: Verwundbarkeit und Angriffsmöglichkeiten auf SCADA-Systeme. (PDF; 1,1 MB) (Nicht mehr online verfügbar.) VWEW-Vortrag, Fulda, 17. Oktober 2007, archiviert vom Original am 29. Juni 2016
24. Olof Leps: *Der Aufbau von Betriebs- und Steuerungsanlagen.* In: *Hybride Testumgebungen für Kritische Infrastrukturen.* Springer Vieweg, Wiesbaden, 2018, ISBN 978-3-658-22613-8, S. 25–39, https://doi.org/10.1007/978-3-658-22614-5_3 (springer.com [abgerufen am 30. Dezember 2018])
25. Expertsdialog: MES&SAP für die Metallindustrie. Fachlexikon MES+Industrie 4.0. Überarbeitete und erweiterte Auflage 2020, 138 Seiten, 170 x 240 mm, Broschur ISBN 978-3-8007-5344-4, E-Book: ISBN 978-3-8007-5345-1. https://mes-dach.de/fac hlexikonmes/. Das Fachlexikon können Sie als Fachbuch sowie als eBook direkt vom VDE Verlag beziehen: https://www.vde-verlag.de/buecher/475344/fachlexikon-mes-ind ustrie-4-0.htm/; letzter Zugriff 2.1.2022
26. Jörg Becker, Oliver Vering, Axel Winkelmann: *Softwareauswahl und -einführung in Industrie und Handel. Vorgehen bei und Erfahrungen mit ERP- und Warenwirtschaftssystemen.* Springer-Verlag, Berlin/Heidelberg/New York 2007, ISBN 978-3-540-47424-1
27. Axel Winkelmann, Ralf Knackstedt, Oliver Vering: *Anpassung und Entwicklung von Warenwirtschaftssystemen – eine explorative Untersuchung.* Hrsg.: Jörg Becker. Handelstudie Nr. 3. Münster 2007 (uni-muenster.de [PDF; 543 kB])
28. Anja Schatz, Marcus Sauer, Peter Egri: *Open Source ERP -Reasonable tools for manufacturing SMEs.* Hrsg.: Fraunhofer IPA, MTA Sztaki. 2011 (fraunhofer.de [PDF]). https://www.ipa.fraunhofer.de/fileadmin/user_upload/Publikationen/Studien/Studiente xte/Studie_OpenSource_ERP.pdf
29. Sebastian Vollmer, Was ist ERP? Einfach und verständlich erklärt, CHIP, 12.12.2015, https://praxistipps.chip.de/was-ist-erp-einfach-und-verstaendlich-erklaert_45047; letzter Zugriff 16.4.2022

30. Elektronik Kompendium: ISO/OSI-7- Schichtenmodell; https://www.elektronik-kompendium.de/sites/kom/0301201.htm/; letzter Zugriff 16.4.2022
31. SelfLinux: Das OSI-Referenzmodell; https://www.selflinux.de/selflinux/html/osi.html/; letzter Zugriff 16.4.2022
32. ITU Homepage: Committed to connection the world. https://www.itu.int/en/Pages/default.aspx/; letzter Zugriff 6.1.2022
33. IEEE: 802.1D - MAC bridges; https://www.ieee802.org/1/pages/802.1D.html/; letzter Zugriff 6.1.2022
34. Digital Guide IONOS: CSMA/CD Erklärung des Verfahrens https://www.ionos.de/digitalguide/server/knowhow/csmacd-carrier-sense-multiple-access-collision-detection/; letzter Zugriff 6.3.2022
35. RFC 4349 High-Level Data Link Control (HDLC) https://tools.ietf.org/html/rfc4349/; letzter Zugriff 5.1.2022
36. David. C. Plummer (DCP@MIT-MC), Network working Goup. November 1982: An Ethernet Address Resolution Protocol or Converting Network Protocol Addresses to 48.bit Ethernet for Transmission on Ethernet Hardware. https://www.ietf.org/rfc/rfc826.txt/; letzter Zugriff 5.1.2022
37. tutorialspoint; IPv4-Adressierung; https://www.tutorialspoint.com/de/ipv4/ipv4_addressing.htm#:~:text=IPv4%20-%20Adressierung%201%20Unicast%20Adressierung%20Modus.%20In,alle%20Hosts%20im%20Segment%20bestimmt.%20More%20items...%20/; letzter Zugriff 5.1.2022
38. Ross Finlayson, Timothy Mann, Jeffrey Mogul, Marvin Theimer: A Reverse Address Resolution Protocol; Networking Group, Computer Science Department Stanford University, June 1984: https://tools.ietf.org/html/rfc903/; letzter Zugriff 4.1.2022
39. Naganand Doraswamy, Dan Harkins: IPSec. The new security standard for the internet, intranets, and virtual private networks. 2nd edition. Prentice Hall PTR, Upper Saddle River NJ 2003, ISBN 0-13-046189-X
40. Internet Control Message Protocol (ICMP) Parameters. IANA, 15. Juni 2018, abgerufen am 9. Dezember 2018 (englisch); https://www.iana.org/assignments/icmp-parameters/icmp-parameters.xhtml/; letzter Zugriff 6.6.2022
41. Dipl.-Ing. (FH) Stefan Luber/Dipl.-Ing. (FH) Andreas Donner: Was ist IPv6?; IPINSIDER; 01.08.2018; https://www.ip-insider.de/was-ist-ipv6-a-642703/; letzter Zugriff 4.1.2022
42. Synopsys: ICMPv6 Data Sheet; Test Suite ICPMv6; Direction Server https://www.synopsys.com/software-integrity/security-testing/fuzz-testing/defensics/protocols/icmpv6.html; letzter Zugriff 6.1.2022
43. Dipl.-Ing. (FH) Stefan Luber/Dipl.-Ing. (FH) Andreas Donner: Was ist IGMP (Internet Group Management Protocol)? IPINSIDER, 25.02.2020; https://www.ip-insider.de/was-ist-igmp-internet-group-management-protocol-a-905663/; letzter Zugriff 6.5.2021
44. Dipl.-Ing. (FH) Stefan Luber/Dipl.-Ing. (FH) Andreas Donner: Was ist OSPF (Open Shortest Path First)?; IPINSIDER, 19.2.2020; https://www.ip-insider.de/was-ist-ospf-open-shortest-path-first-a-905626/; letzter Zugriff 6.5.2022
45. J.Moy: OSPF Version 2; Network Working Group; Ascend Communication Group, Inc. April 1998, https://tools.ietf.org/html/rfc2328/; letzter Zugriff 6.1.2022
46. IETF Homepage: IETF 109; https://www.ietf.org/; letzter Zugriff 8.1.2022

47. Edsger W. Dijkstra: A Discipline of Programming (Prentice-Hall Series in Automation Computation, 1. Juni 1976)
48. Elektronik Kompendium: UDP – User Data Protoco- https://www.elektronik-kompen dium.de/sites/net/0812281.htm/; letzter Zugriff 6.1.2022
49. Microsoft: Remote Procedure Call; 05/31/2018 https://docs.microsoft.com/en-us/ windows/win32/rpc/rpc-start-page#:~:text=Remote%20Procedure%20Call%201% 20Purpose.%20Microsoft%20Remote%20Procedure,Windows%20Software%20D evelopment%20Kit%20%28SDK%29.%20Weitere%20Artikel...%20/; letzter Zugriff 6.1.2022
50. ISO, ICS>35>35.100>35.100.50: ISO/IEC 9548-1:1996; Information technology-Open Systems Interconnection-Connectionless Session protocol: Protocol specification; https://www.iso.org/standard/17293.html/; letzter Zugriff 5.1.2021
51. LINUXMAKER: Darstellungschicht (OSI-Modell); https://www.linuxmaker.com/net zwerke/osi-referenzmodell/darstellungsschicht.html/; letzter Zugriff 5.3.2022
52. Elektronik Kompendium: IEEE 802.3/Ethernet Grundlagen; https://www.elektronik-kompendium.de/sites/net/0603201.htm/; letzter Zugriff 6.1.2021
53. TCP/IPSuite: https://study-ccna.com/tcpip-suite-of-protocols/; letzter Zugriff 22.2 2022
54. DARPA: BREAKTHROUGH TECHNOLOGIES AND CAPABILITIES https://www. darpa.mil/; letzter Zugriff 5.1.2021
55. Industry of Thinks: Was ist OPC UA? Definition, Architektur und Anwendung; https:// www.industry-of-things.de/was-ist-opc-ua-definition-architektur-und-anwendung-a-727188/; letzter Zugriff 8.1.2021
56. OPC Foundation Homepage: https://opcfoundation.org/; letzter Zugriff 8.1.2022
57. OPCconnect.com: OPC Unified Architecture; https://www.opcconnect.com/ua.php/; letzter Zugriff 28.3.2022
58. ascolab Homepage: OPC UA Workshop; https://www.ascolab.com/; letzter Zugriff 8.1.2021
59. IPCOMM, Protokolle: OPC UA; https://www.ipcomm.de/protocol/OPCUA/de/sheet. html/; letzter Zugriff 8.1.2021
60. VDE Verlag: IEC 62541-5: OPC Unified Architecture - Part 5:2020 Information Model, Ausgabedatum: 2020-7, Edition: 3.0 Sprache: EN-FR - zweisprachig eng-lisch/französisch Seitenzahl: 371 VDE-Artnr.: 248956; https://www.vde-verlag.de/iec-normen/248956/iec-62541-5-2020.html/; letzter Zugriff 8.1.2022
61. < X M L / > Extensible Markup Language: XML-Parser; http://www.uzi-web.de/parser/ parser_was.html/; letzter Zugriff 8.1.2021
62. ITWissen.info: SOAP (simple object access protocol); html https://www.itwissen.info/ SOAP-simple-object-access-protocol-SOAP-Protokoll.html/; letzter Zugriff 8.1.2021
63. OPC Foundation: OPC UA Binary Schema for Data Types | OPC UA Implementa-tion: Stacks, Tools, and Samples | Forum; https://opcfoundation.org/forum/opc-ua-imp lementation-stacks-tools-and-samples/opc-ua-binary-schema-for-data-types/; letzter Zugriff 8.7.22
64. ascolab: OPC UA Protokolle; Punkt 3.: Hybrid (UA-Binary über HTTPS); https://www. ascolab.com/unified-architecture/protokolle.html?lang=de/; letzter Zugriff 3.8.22

65. Dave Winer: InfoWorld auf SOAP,, Sonntag, 14. Juni 1998; http://www.translatethe web.com/?ref=SERP&br=ro&mkt=de-DE&dl=de&lp=EN_DE&a=http%3a%2f%2fs cripting.com%2fdavenet%2f1998%2f06%2f14%2finfoWorldOnSoap.html/; letzter Zugriff 3.8.22
66. World Wide Web Consortium: W3C; https://www.w3.org/; letzter Zugriff 8.1.2021
67. FAX.de: XML/SOAP Schnittstellenbeschreibung, Rev. 2.51; https://www.fax.de/dow nload/XML-SOAP-DE.pdf/; letzter Zugriff 8.4.2022
68. *novadex: Glossar*: Definition Cloud Computing – Was ist Cloud Computing?; https:// novadex.com/de/glossar-artikel/definition-cloud-computing-was-ist-cloud-comput ing/#:~:text=Definition%20Cloud%20Computing%20%E2%80%93%20Was%20ist% 20Cloud%20Computing%3F,Rechenleistung%20oder%20Anwendungssoftware% 20als%20Service%20%C3%BCber%20das%20Internet/; letzter Zugriff 8.1.2021
69. Nist Homepage: National institute of Standards and Technology; https://www.nist.gov/; letzter Zugriff 22.1.2022
70. Universität Köln: BSCW – Basic Support for Cooperative Work; https://rrzk.uni-koeln. de/daten-speichern-und-teilen/bscw/; letzter Zugriff 8.1.2021
71. Christian Metzger, Juan Villar: Cloud-Computing. Chancen und Risiken aus technischer und unternehmerischer Sicht. Hanser, München 2011, ISBN 978-3-446-42454-8
72. COMPUTERWOCHE: Cloud Computing – SaaS, PaaS, IaaS, Public und Private; https://www.tecchannel.de/a/cloud-computing-saas-paas-iaas-public-und-private,203 0180,6/; letzter Zugriff 8.1.2021
73. Thomas J. Burke, President und Executive Director OPC Foundation; OPC Unified Architecture: Wegbereiter der 4. industriellen (R)Evolution https://opcfoundation.org/ wp-content/uploads/2014/03/OPC_UA_I_4.0_Wegbereiter_DE_v2.pdf/; letzter Zugriff 28.1.2022
74. Stefan Luber (Redakteur), Nico Litzel (Autor): Was ist ein Cyber-physisches System (CPS)? https://www.bigdata-insider.de/was-ist-ein-cyber-physisches-system-cps-a-668494/; letzter Zugriff 18.3.2022
75. energie-experten.org: Besonderheiten von CIGS-Zellen & -Modulen; Update vom 26.11.2020; https://www.energie-experten.org/erneuerbare-energien/photovoltaik/sol armodule/cigs#:~:text=Tabelle%201%3A%2Chronologie%20ausgew%C3%A4hlter% 20Wirkungsgrad-Weltrekorde%20von%20CIGS-Solarzellen%20,der%20Puff%20...% 20%201%20more%20rows%20/; letzter Zugriff 18.3.2022
76. Qnix: Schichtdickenmessgerät für die zerstörungsfreie Messung – die QNix®-Baureihe https://www.q-nix.com/de/schichtdickenmessgeraete/; letzter Zugriff 11.1.2022
77. PTB: Schichtdicke und kristalline Normale; Arbeitsgruppe 5.13; https://www.ptb. de/cms/ptb/fachabteilungen/abt5/fb-51/ag-513/methoden-der-schichtdickenmessung. html/; letzter Zugriff 11.2.2022
78. studyflix: Extinktionskoeffizient https://studyflix.de/chemie/extinktionskoeffizient-1601
79. Die Chemie-Schule: Brechungsindex n: https://www.chemie-schule.de/KnowHow/Bre chzahl/; letzter Zugriff 11.2.2022

Printed in the United States
by Baker & Taylor Publisher Services